气场女人修习术

QICHANG NUREN XIUXISHU

银 浦◎编著

中国城市出版社
·北京·

图书在版编目（CIP）数据

气场女人修习术／银浦编著．—北京：中国城市出版社，2012.7

ISBN 978-7-5074-2627-4

Ⅰ.①气… Ⅱ.①银… Ⅲ.①女性－修养－通俗读物 Ⅳ.①B825-49

中国版本图书馆 CIP 数据核字（2012）第 155814 号

责任编辑	华　风
封面设计	兆天书装
责任技术编辑	张建军
出版发行	中国城市出版社
地　　址	北京市西城区广安门南街甲 30 号（邮编 100053）
网　　址	www.citypress.cn
发行部电话	（010）63454857　63289949
发行部传真	（010）63421417　63400635
总编室电话	（010）68171928
总编室信箱	citypress@sina.com
经　　销	新华书店
印　　刷	香河县宏润印刷有限公司
字　　数	205 千字　　印张 17
开　　本	710×1000（毫米）1/16
版　　次	2012 年 8 月第 1 版
印　　次	2012 年 8 月第 1 次印刷
定　　价	29.80 元

前 言

你是否注意到，当你与某个人见面的时候，仅在几秒钟内，你就会在心里对自己说：“我不喜欢与这样的人接触”。而当你与另一个人见面时，也是在几秒钟内，你就感觉这是个不错的人，因为你自己在内心深处说：“我喜欢与这样的人接触。”类似这样的经历表明，你已开始吸收其他人的能量，他的气场在对你起作用。

那么气场是什么呢?

从心理学的角度来说，气场就是指一个人的性格、言行举止所形成的个人魅力或者精神符号，是我们独一无二的精神名片，它能够告诉别人自己是健康的、积极的、阳刚的、有能力的，还是消极的、颓废的、无所作为的、阴郁保守的。从人际关系的角度来看，气场就是用来影响他人的能力。有生命就存在气场，每个人都有气场，但有强弱之分，强大的气场能够感染和吸引周围的人，而弱的气场会让人感觉不到你的存在或者不重视你的存在。

玛丽莲·梦露，一个不论出现在哪里都立刻会吸引所有人注意的女人！她夺去所有人的目光，集万千宠爱于一身。这就是气场的力量。是的，全世界只有一个玛丽莲·梦露，但是每个女人都有能力和机会像她那样光彩照人，因为我们都拥有这样的潜力。也就是说，气场虽有先天的成分，但我们也可以通过努力来培养和掌控自己的气场，把排斥力变成吸引力，把让人讨厌的变成招人喜欢的。当然了，这“培养”后面需要紧跟一项“艰苦”的工程，要用女人一生的时间来完成的工程。

首先，女人要想气场强大，高贵的品质必不可少。气场是一种心态，外貌和道具固然有作用，但最终还是来自于内涵。一个拥有高贵品质的女人，必将是一个受到广泛欢迎的人，而她的未来，包括人生发展、事业发展，也必将因为她的品质优异而步入坦途。一个女人如果没有高贵的品质，就会缺乏吸引他人、影响他人的灵魂，她的一切想法、一切努力都会因为缺乏品质的力量而付诸东流，气场强大自然也是无从说起。

其次，气场女人必须要有自信。气场，是看不见、摸不着的，但每个人都有气场，而且都会产生吸引力。一个具有消极气场的人，会把这种气场传给别人，使对方也变得压抑、郁闷，消极的气场还会吸引更多消极的能量，使我们霉运不断；一个具有积极气场的人也会把这种气场传给别人，使对方变得开朗而富有活力，而且还能吸引积极能量，使自己好运常在。因此，每个女人都应该保持自信，使自己处处受欢迎。

第三，外在形象对气场的强弱起着重要作用。气场跟外表关系很大，在一个新的环境中，那些长相出众、穿着有品位的人总是能一下子成为焦点，而这又令她们更加自信，气场更加强大。尤其是在一些特殊场合，如果只是穿上中规中矩的小黑裙，恐怕只会淹没在美女群中。如果想气场爆发，就需要把自己从头至尾地收拾一番，塑造出良好的形象，以给人好感，让人愿意接近，从而给他人留下难忘的印象。

第四，女人要提升气场应多在女人味上做文章。因为女人味是女人所独有的、外在的、内在的东西，它是一种无形的力量，传递着女人的气息。它是能够使女人的内涵变得更具体、更外在、更深邃的一种风韵和气质。无论在男人还是女人的心目中，有味道的女人都是让人赏心悦目的一道亮丽的风景线。

第五，说话技巧是气场女人的必修功课。对于女人而言，卓越的口才、有技巧的说话方式，不仅是家庭幸福的法宝、事业披荆斩棘的利剑，更是增加自身个性魅力的砝码、增强气场的有效手段。

第六，气场女人必须要懂一点人情世故。因为人生不易，处世更难，唯有洞察社会，掌握世故，通晓人情，才能看清人间冷暖，才能在人生的征途上左右逢源！

第七，气场女人还应灵活自如地掌控自己的身体语言。身体语言是人们内心愿望所发出的信号，每一个看似无足轻重的表情、眼神、手势和体态，都透露着人的情感、智慧、修养和心思。女人只要懂得如何掌控自己的身体语言，就能让自己的气场迅速得到提升。

第八，不断充电是气场女人的明智之选。对女人而言，漂亮的外表有助你提升气场，但真正强大的气场来自于女人的内涵。而内涵的强大则需要坚强的实力做后盾，有实力当然就有魅力。因此，努力工作，虚心学习，不断加强、巩固自己的实力，才是真正的治本之策。

第九，气场女人必须要做到独立。尊严来自实力，一个依靠男人养活，事事都需要依赖他人的女人是很难得到别人的尊重的。女人只有获得精神和经济能力上的自由和独立，才能有更多的追求，才能成为众人眼中的主角，才有资格谈感情，因为大部分男人不可能把时间花在等待和改变一个女人上。因此，女人一定要独立，要好好地生活，不能被生活打败，永远不要凡事依靠别人，要掌握自己的命运。

总之，强大的气场是一个女人的存在感和吸引力之所在，是女人身上无与伦比的光环。女人所需要的气场，是一种通过自身正面积极、强大向上的综合魅力，带给周围的人或事（物）的一种有益的吸引力和影响力。相信，女性朋友们通过阅读此书，再在日常生活和工作中加以修炼，找到自己的薄弱环节加以攻克，定能够提升自己的气场，使自己变得越来越有魅力，越来越受欢迎。

目 录

第一章 高贵的品质，女人的气场之源

气场是一种心态，外貌和道具固然有作用，但最终还是来自于内心涵。强大的气场能够感染，还会带动周遭人的情绪，这种能量是发光体，能让周围人的注意力不自觉地集中到她身上。但想要拥有这种气场，女人就应具备高贵的品质。一个拥有高贵品质的女人，必将是一个受到广泛欢迎的人，而她的未来，包括人生发展、事业发展，也必将因为她的品质优异而步入坦途。一个女人如果没有高贵的品质，就会缺乏吸引他人、影响他人的灵魂，她一切的想法，一切的努力都会因为缺乏品质的力量而付诸东流，气场强大自然也是无从说起。

教养是女人永恒的气场源 / 3
女人应博爱 / 7
懂得感恩的女人有气场 / 9
宽容的女人最有人缘 / 12
文明素养尽显女人魅力气场 / 14
女人谦虚才能赢得尊重 / 16
别让嫉妒摧毁你的气场 / 19
品德高尚才最可贵 / 21
猜疑是减弱气场的心结 / 23
言而无信，就会无人信“言” / 26
真诚相待才能聚人心 / 29
提升人格魅力，气场自然强大 / 31

第二章 保持自信，积极气场让你好运常伴

气场，看不见，摸不着，但每个人都有气场，而且都会产生吸引力。一个具有消极气场的人，会把这种气场传给别人，使对方也变得压

抑、郁闷，消极的气场还会吸引更多消极的能量，使我们霉运不断；一个具有积极气场的人也会把这种气场传给别人，使对方变得开朗而富有活力，而且还能吸引积极能量，使自己好运常在。因此，每个女人都应该保持自信，如此一来，你才能好运常在，处处受欢迎。

幸运密码掌握在自己手中 / 35
心态不同，气场就会不同 / 38
正确认识自己很重要 / 40
自信的女人最美丽 / 42
克服自卑，多看自己的长处 / 44
秉持自我，女人因个性而美丽 / 46
满怀热情，以获幸福 / 48
过于拘谨难以被人认可 / 50
驾驭情绪，掌控你的气场 / 53
女人要学会管理自己的情绪 / 56

第三章 形象凝聚吸引力，靠包装展现气场

有很多不拘小节的人认为外表是无关紧要的细节，这种观点往往使他们在交往中受挫且不自知。事实上，气场跟外表关系很大，在一个新的环境中，那些长相出众，穿着有品位的人总是能一下子成为焦点。而这又令他们更加自信，气场更加强大。因此，着装造型对女性气场的加强特别重要，尤其是在一些特殊场合，假如只是穿上中规中矩的小黑裙，恐怕只会淹没在美女群中。如果想气场爆发，就需要把自己从头至尾地收拾一番，塑造出良好的形象，才能给人好感，让人愿意接近，从而给他人留下难忘的印象。

良好形象可以迅速提升你的气场 / 61
品位影响气场 / 64
“妆”出你的动人娇颜 / 66
养护你的完美肌肤 / 70
着装彰显女人的美丽主张 / 72
秀发缔造韵味女人 / 74
礼仪让女人更有气场 / 77

穿得对比穿得好更重要 / 79
高跟鞋为女人加分 / 82

第四章 培养女人味，提升你的气场

女人有味，三分漂亮可增加到七分；女人无味，七分漂亮会降至三分。女人味是女人所独有的、外在的、内在的东西，它是一种无形的力量，传递着女人的气息。它是能够使女人的内涵变得更具体、更外在、更深邃的一种风韵和气质。女人要想提升自己的气场，就应抓住女人味做做文章，因为无论男人还是女人的心目中，有味道的女人都是让人赏心悦目的一道亮丽的风景线。

气质是你征服人心的最佳名片 / 87
女人温柔，方能克刚 / 90
声音动听，才能吸引人 / 92
注意修炼女人味 / 94
内外兼修，提升魅力 / 97
做一个知性女人 / 99

第五章 会说话的女人，人人爱

对于女人而言，卓越的口才、有技巧的说话方式，不仅是家庭幸福的法宝，事业披荆斩棘的利剑，更是增加自身个性魅力的砝码，增强气场的有效手段。因此，一个女人可以生得不漂亮，但是一定要说得漂亮。无论什么时候，渊博的知识、良好的修养、文明的举止、优雅的谈吐、出口不凡的表达，一定可以让女人活得足够漂亮，成为一个受欢迎的女性！

说话语气强，气场自然强 / 103
真诚赞美，赢得人心 / 105
批评别人要讲究窍门 / 107
学会倾听，让气场在无声中凝聚 / 112
吸引他人的说话技巧 / 115
把话说到心窝里 / 117
寻找共同点，注意交谈禁忌 / 120

适度的自嘲化解尴尬 / 123
幽默的女人受欢迎 / 125
让闲聊也有吸引力 / 128
会说一口漂亮话，用言语赢得人心 / 131
拒绝唠叨，有效沟通 / 134
玩笑有分寸，才不会失去“笑”果 / 137
让生硬的拒绝变得委婉 / 139
口不择言惹人厌，说话之前先动脑 / 141

第六章 懂一点人情世故，做交际场上最亮的那颗星

“世事洞明皆学问，人情练达即文章”。女人要想让自己气场强大，就必须懂一点人情世故。因为人生不易，处世更难，唯有洞察社会，掌握世故，通晓人情，才能看清人间冷暖，才能在人生的征途上左右逢源！

放低姿态，提高你的人气 / 145
注意维护他人的面子 / 147
将心比心，为他人着想 / 150
要想被人喜欢，先学会喜欢别人 / 154
根据色彩反映的性格特征与人交往 / 157
打造亲和力，赢得尊重和支持 / 163
积极获取好人缘 / 165
“糊涂”女人最赢人气 / 168
吃亏是福心中留 / 170
女人要善于与陌生人交往 / 172
得理让人，主动“让道” / 174

第七章 利用身体语言，激活你的潜在气场

外表很重要，在各方面条件都相同的情况下，我们会猜测漂亮的人更快乐、更热情开朗、更聪明成功。但那些外表并不出众的女性该如何提升自己的气场呢？其实美丽的外表并不一定让你有足够的魅力，而身体所具有的魅力，却是任何人都不能抵挡的。肢体语

言的先锋人物阿尔伯特·麦拉宾发现：一条信息所产生的全部影响力中7%来自于语言（仅指文字），38%来自于声音（其中包括语音、音调以及其他声音），剩下的55%则全部来自于无声的肢体语言。身体语言是人们内心愿望所发出的信号，每一个看似无足轻重的表情、眼神、手势和体态，都透露着人的情感、智慧、修养和心思。女人只要懂得如何掌控自己的身体语言，就能让自己的气场迅速得到提升。

身体语言使沟通更有效 / 179
如何让你的手势恰当得体 / 181
灵活展现真诚笑容 / 184
头部动作暗藏的吸引力 / 186
正确使用眼睛的语言 / 188
摊开手掌，让人心在坦诚中凝聚 / 190
腿部姿势泄露内心秘密 / 193
优美姿态让你焕发光彩 / 195
女人气场提升法 / 198
增强气势，提升气场 / 200

第八章 不断充电，内在富足才能气场强大

只有漂亮的外形是做不到削铁如泥的，还要有坚韧的材质，经过漫长的淬炼打磨！对女人而言，漂亮的外表有助你提升气场，但真正强大的气场来自于女人的内心——强大的内心。而内心的强大则需要坚强的实力做后盾，有实力当然就有魅力。因此，女人如果想拥有强大的气场，从这一刻开始，就要努力工作，虚心学习，不断加强、巩固自己的实力，这才是真正的治本之策。

从读书中汲取智慧 / 205
实力就是吸引力 / 208
明确目标，有效充电 / 210
建立良好的人际关系 / 213
提升自己的价值，使自己成为绩优股 / 216
有方有法，学习才有效率 / 218

好学不倦，不断增加自身魅力 / 221

第九章 女人要独立，做别人眼中的主角

"尊严来自实力"。一个依靠男人养活，事事都需要依赖他人的女人是很难得到别人的尊重的。女人只有在精神上和经济能力上有了自由和独立，才能有更多的追求，才能成为众人眼中的主角，才有资格谈感情，因为大部分男人不可能把时间花在去等待和改变一个女人上，失去了你这棵小树，他还有整片森林。因此，女人一定要独立，要好好地生活，不能被生活打败，永远不要把思想依靠在别人的身上，要掌握在自己手中。

女人应该有自己的事业 / 225
女人要有自己的真心朋友 / 228
爱护自己，善待自己 / 231
女人独立，生活才会丰富充实 / 235
自立自强，女人更有气场 / 237

第十章 做一朵铿锵玫瑰，赢得气场

人的一生不可能一帆风顺，多多少少总会有一些坎坷和波折。但是，困境中往往蕴涵着很多机遇，它或许就是改变命运的要素之一。智慧女人不惧怕困境，她们总会选择在困境中微笑，从而穿过风雨迎接人生的彩虹！

坚强的女人永远美丽 / 241
生活的困境并不可怕，笑着去面对它吧 / 243
失败了也要昂首挺胸 / 245
苦难是人生最好的老师 / 247
努力拼搏，成功才会属于你 / 249
即使一无所有，也要勇往直前 / 252
坚持下来，才会有美好的结局 / 255
永怀希望，让你的人生之路充满阳光 / 258

第一章
高贵的品质，女人的气场之源

气场是一种心态，外貌和道具固然有作用，但最终还是来自于内涵。强大的气场能够感染，还会带动周遭人的情绪，这种能量是发光体，能让周围人的注意力不自觉地集中到她身上。但想要拥有这种气场，女人就应具备高贵的品质。一个拥有高贵品质的女人，必将是一个受到广泛欢迎的人，而她的未来，包括人生发展、事业发展，也必将因为她的品质优异而步入坦途。一个女人如果没有高贵的品质，就会缺乏吸引他人、影响他人的灵魂，她一切的想法，一切的努力都会因为缺乏品质的力量而付诸东流，气场强大自然也是无从说起。

教养是女人永恒的气场源

对一个女人而言，什么才是最重要的？靓丽的外表、过硬的学历、无数的财富……靓丽的外表能给你以美的享受，但这只是表面功夫，经不起时间的考验；丰厚的知识总会让人羡慕，但是谁给你买单却是个问题；无数的财富能让女人买到普通人难以享受的高档品，但是一身名牌最多让人们承认你很阔绰，而不会觉得你尊贵。

不要以为脂粉涂饰的外表，就能遮掩住一切性格和人格中不好的东西。修养的高低与好坏，会给人以充分的感受：是温文尔雅，还是谦卑忍让；对人是不温不火，还是不卑不亢；是急不可耐的猴样儿，还是死皮赖脸的熊态……一个人若是没有修养，那将是很可怕的事，尤其对女人而言，简直不可想象。因为女人一旦失去修养，就会变得不可理喻，而有修养的女人永远都是潇洒从容、举止得体、儒雅大方，不管是顾盼神飞，还是举手投足，都让人心生怜爱与敬佩。这样的女人，才是受众人欢迎的女人！那么教养指的是什么呢？

教养不是随心所欲，唯我独尊，而是善待他人，善待自己，认真地关注他人，真诚地倾听他人，真实地感受他人。尊重他人，就是尊重自己。真正的教养来源于一颗热爱自己、热爱他人的心灵。“己所不欲，勿施于人”，是对教养最好的诠释。

富有教养是道德美的表现，它会随着岁月的流逝、心灵的净化而日益显示出光华。有些女人看上去十分美丽，但言语粗俗、行为粗鲁，往往令男人望而却步；相反，那些相貌平常，但言谈举止富有修养的女人常常能赢得人们的心。

有这么一个故事：

一位美国中年主妇察觉到自己的丈夫经常在家里夸奖他的女助手，这让本来很自信的她也开始怀疑起自己的魅力来。心想自己已经是年老色衰，而丈夫的助手一定年轻貌美。于是她开始频繁地进出美容院，往返于各大商场之间，每天描眉画眼、梳妆打扮，最后听人介绍竟做了美容手术。

尽管这样，丈夫却对她的精心装扮视若无睹，仍旧每天大谈他的那位助手。终于妻子沉不住气了，试探着开始打听女助手的背景。或许是看出了妻子的心思，丈夫邀请妻子一同去探望那位助手。谁知一见之下，妻子竟大为吃惊。因为女助手既不年轻也不漂亮，是一位头发已经开始花白、身材发福的中年妇女。但妻子也感觉到她在言谈举止中分明透露出来的聪慧、自信、乐观和机智，周围的人无不受到她的感染，甚至这位妻子也抵抗不了她的魅力，十分急切地想和她交个朋友。通过这件事，这位妻子明白，言谈举止赋予一个女人的魅力是任何华服和美容术都无可比拟的。

有教养的女人静若幽兰，芬芳四溢。时间可以扫去女人的红颜，却扫不去女人经过岁月的积淀而焕发出来的美丽。这份美丽就是女人经过岁月的洗礼而成就的修养与智慧，就像秋天里弥漫的果香一样。有教养的女人像潺潺溪水，浸润周围的人。有教养的女人充满自信与干练，充满情感的丰盈与独立，懂得在得到与失去之间找到平衡。修养与智慧让女人在不同的时刻呈现出不同的状态，一生散发着无穷的魅力。英国政治家柴斯特菲尔德说：“一个人只要自身有教养，不管别人举止多么不适当，都不能伤害他一根毫毛。他自然就给人一种凛然不可侵犯的尊严，会受到所有人的尊重。一个没有教养的人，容易让人生出鄙视的心理。”

既然修养对女人很重要，那么该如何提高女人的修养呢？一般而言，琴、棋、书、画是提高女人修养的最好方式。因为这四者中，无论哪种，其本身都蕴涵着极其浓厚的文化底蕴。女人学琴，自然得平心静气，内外一心，才能体悟到那高山流水之音；学棋时，那质朴的黑白世界更是容不得三心二意，必须专心致志；而没有宽博的胸怀与平淡的心境，如何领略王右军的线条流畅，张旭的豪情挥洒；没有恬淡的心，又如何理解齐白石的浅水虾戏？

不过，由于琴棋书画要求有一定的时间和精力，有时更要求一种良好的天赋，不入门者很难窥探其中之奥妙，故而对现代都市女性而言略有难度。

所以，女性朋友们应多注意一些生活中的小细节，从一点一滴做起，逐步提升自己的修养：

1. 不说粗话

一直以来，我们都要求女士在说话的时候一定要文雅，不能说粗话。但是现代的一些新新女性，在人格特质和行为上都喜欢效仿男性，而有的男性说话时常常讲一些粗话，这也成了她们模仿的对象。于是在女性中出现了牙尖嘴利的粗口一族。殊不知，一个妩媚的女士如果讲出粗话来，就像一条天鹅绒晚礼服被沾上油渍一样让人感觉不舒服。所以，身为女性，一定要讲究文明礼貌用语，一句粗话会让一个穿着端庄、容貌秀丽的女士形象顷刻之间大打折扣，让人忘记了她所有美好的东西而只记住这句粗话。

2. 对别人递过来的名片要重视

与人初次见面，对方递过来名片，你连看都不看一眼装人衣兜或随便一放，对方肯定内心不悦。正确的方法是，双手将名片接过，用不少于 30 秒的时间从头到尾看一遍，并客气地向对方道一声“谢谢”。这样对方内心肯定会有一种被人重视的优越感，也为下面的沟通营造良好的氛围。

3. 倾听

有教养的女士从来不会只顾自己滔滔不绝，适当地倾听，才更显女性魅力。倾听的时候，要保持良好的精神状态，不能心不在焉，更不能东张西望。谈话时，应善于运用自己的姿态、表情、插入语和感叹词。诸如微笑、点头等，都会使谈话更加融洽，同时应注意配合对方的语气表述自己的意见。

4. 尊重别人

要尊重每个人。一个人无论从事什么样的工作，只要他有付出，为社会作贡献，那么他就理应受到我们的尊重。

5. 不在公共场合大声说话

公共场合人多，大声喧哗会引人侧目，这不是因对方看你漂亮而夸奖你，而是因你打扰了大家对你表示不满意甚至厌恶。所以，一个有教养的女士要顾及别人的存在，不大声喧哗是对别人的礼貌。

不管怎么说，教养不是一两天修炼成的，而是一种习惯的积累，一种涵养的综合。如果教养是花，智慧则是不可或缺的养分。智慧之于女人是博爱与宽容，是充满自信的风采，是情感的丰盈与独立，更是不计较得失的平衡心态。女人有了教养，那么所有的大门都会向她敞开。

女人应博爱

博爱是一种传统美德。孔子有“四海之内皆兄弟”的教诲，孟子有“亲亲而仁民，仁民而爱物”的传言，墨子有“天下之乱，乱于不相爱，天下之治，治于兼相爱”的警示。古代智者，无不把博爱作为一种优秀品德来树立。

1979年，诺贝尔委员会做出了一个伟大的决定，选择了一个“除了爱一无所有”的贫民作为本届诺贝尔和平奖获得者。这是从本届56名角逐者中挑选出来的，角逐者包括促成了巴以和谈的美国前总统卡特，但卡特却没有赢得这项殊荣，获奖者是特蕾莎修女。授奖公报说：“她的事业有一个重要特点：尊重人的个性、尊重人的天赋价值。那些最孤独的人、处境最悲惨的人，得到了她真诚的关怀和照料。这种情操发自她对人的尊重，完全没有居高施舍的姿态。”公报还说：“她个人成功地弥合了富国与穷国之间的鸿沟，她以尊重人类尊严的观念在两者之间建设了一座桥梁。”

而她的答辞是：“这项荣誉，我个人不配领受，今天我来接受这项资金，是代表世界上的穷人、病人和孤独的人。”

特蕾莎出生于1910年，她的故乡在南斯拉夫，老家是一户阿尔巴尼亚农户。她的出生地一直都处于贫穷、混乱和民族战争的旋涡之中，这为她思索人生提供了背景。37岁正式成为修女的特蕾莎，1948年远赴印度加尔各答，两年后正式成立仁爱传教修女会，竭力服侍最穷苦者。

特蕾莎修女到了加尔各答，走进了那个被印度总理尼赫鲁谓之“噩梦之城”的地方，走进那些没有遮风挡雨之处的贫民中间，亲手握住那些快要横死街头的穷人的手，给他们临终前最后的一点温暖，让他们含着微笑离开这个对他们来说残酷的世界；她亲吻艾滋病患者的脸庞；抚摸麻风病人的残肢；细心地从难民溃烂的伤口中捡出蛆虫……她把一切都献给了穷人、病人、孤儿、孤独者、无家可归者和垂死临终者。自1952起，特蕾莎修女和她的修道院的修女们，在加尔各答的街头遍寻垂死者，将爱心和慰藉带给了400多万被舍弃街头的人。她们创造了一个奇迹，这400多万人当中，有过半数的人在特蕾莎修女等人的悉心照料下，日渐康复了。

特蕾莎修女创建的组织有4亿多资产，世界上许多的富翁都乐意捐款给她。她去世后，人们整理她的遗产时发现，她一共只有三套换洗的旧衣服，她只穿凉鞋没有袜子；在她居住的地方，唯一的电器就是一部电话。

满面皱纹、瘦弱文静的特蕾莎修女在1997年9月去世后，印度政府为她举行了国葬，成千上万的人冒着倾盆大雨涌上街头，为她的离去而流下了悲伤的眼泪。

没有爱的世界将是一个悲惨的世界。许多女人之所以不能深刻透彻地认识生命，是因为她们还没有意识到爱人的快乐。人与人都是以心交心，以心换心，爱人的心，自然会被人所爱，而且一个心中有爱的女人是最楚楚动人的。

一个女人富有宽博的爱心，自然能够设身处地为别人考虑问题。爱，不仅仅局限于通常的情爱，宽容大度，给别人多一点同情和理解，也是一种爱。

爱从来都是相互的，仁爱之中的仁字，表明爱绝非单一的载体。施爱于对方，爱就成为一种情感力量，推动主体心灵美的升腾；而受爱者所领略的是人世间最纯净最无私的心灵，在这种情况下，他也会施爱于人的。所以，爱是沟通人际的桥梁，是和谐人际的中介。

爱是女人一生都要学习的一门学问，女人被别人爱不难，难的是学会怎样爱别人。只有学会爱，你的爱才会持久，魅力才能在你身上永存，气场也才会强大而持久。

懂得感恩的女人有气场

“活着真累”、“生活真苦”、“社会太乱”、“人情太淡”、“现实残酷”……诸如此类的抱怨常常在我们的耳边响起，仔细想想的确如此。可是如果活着不累，生活不苦，社会不乱，人情浓厚，现实理想……一切都朝着好的方向发展时，抱怨就会消失吗？我想很难，因为人性有许多的弱点，“人心不足蛇吞象”就是其中之一。所以要想消除抱怨，并不是满足人们的一切需求就可以的，而是要人们懂得感恩。

英国作家萨克雷说：“生活就是面对一面镜子，你笑，它也笑，你哭，它也哭。”你感恩生活，生活将赐予你灿烂阳光；你不感恩，只知一味地怨天尤人，最终将一无所获。幸福时，感恩的理由很多，殊不知不幸时更应该感恩生活，它使我们得以成长，激发我们挑战困难的勇气。

一个自小就患脑性麻痹的女人，失去了肢体的平衡和说话的能力。然而，她昂然面对，征服了许多的不可能，最终获得了美国加州大学艺术博士学位。有一次，一个记者在采访中问她：“你从小就长成这个样子，你怎么看自己，有没有怨恨过呢？”只见她在纸上写道：“我的腿长得很美；爸爸妈妈爱我；我会画画，会写稿；还有……”她将自己的不幸通通抛下，把自己的人生定义成幸福的。最后，她写下这样一句话：“我感谢生活赐予我的一切，心怀感恩让我拥有了坚强的力量，拥有了成功的希望和动力。”

没有一个人的人生是一帆风顺的，生活的苦辣酸甜每一个人都要品尝；人生的四季也不可能只享受春天，有温暖的春天也必会有寒冷的冬日。每个人的一生都注定要跋涉沟沟坎坎，品尝苦涩与无奈，经历挫折与失意。

尽管如此，我们仍要心怀感恩。因为艰难险阻是人生对我们另一种形式的馈赠，坑坑洼洼也是对我们意志的磨炼和考验。落英在晚春凋零，来年又灿烂一片；黄叶在秋风中飘落，春天又焕发出勃勃生机。

在人生路上，试着放下你的抱怨。事事追求如己所愿，是不大可能的，因为在这个世界上，没有完美。也不要总是抱怨事情的不顺，抱怨世道不公，抱怨别人对自己的骚扰，抱怨他人做得不好，这些虽是最容易做的，却是最没用的。

抱怨人人都会，但从抱怨中得到好处的人却从来没有。事实上，在抱怨中，真正受到伤害的并不是被抱怨对象，而只能是抱怨者本人。不仅如此，抱怨也是一个人最懦弱的表现，它只会让抱怨的人更加不如意，内心增添更多的愤慨，所以与其抱怨，不如感恩。对生活怀有感恩的人，即使遇上再大的灾难，也能熬过去。而那些常常抱怨生活的人，即使遇上了幸福，在他们那里也会变成不如意的事情。所以，我们应该以一种“感恩”的态度去面对一切，把自己摆在别人的位置上，站在对方的立场上看事情，也许这样会更容易理解对方的观点和举动，在多数的时候，一旦你这样做，那么你的抱怨不仅会烟消云散，也不会迁怒于人。

感恩是一种美好的心境，是女人心灵的净化剂，是女人魅力气场的原动力和内驱力，女人要学会用一颗感恩的心对待生活中的点点滴滴。

1. 感恩父母

父母是女人来到这个世界之后，一直陪伴左右的人。他们会在你伤心难过时，陪在你身边，为你加油，给你鼓舞与支持；在你成功时，站在幕后，默默为你高兴。他们的爱很平凡，却比一切情感更长久，更贴心。女人在岁月的河边沿河行走，有了父母大爱的滋润浇灌，才不会感到孤单。感恩父母，就是自己在外面潇洒时，想想父母在家里是否感到孤独。

2. 感恩身边人

无论是谁，只要曾经在你的生命里出现过，给过你帮助，给过你恩惠，哪怕是微不足道的，你就应该心存感恩。得到别人帮助时心存感恩，就会让你在别人遇到困难时伸出援助之手；与朋友发生矛盾时心存感恩，就会让你想起往日他对你的关心帮助，化解心灵的隔阂，使友谊常在。

3. 感恩生活

对生活心存感恩，就不会有太多的抱怨。世上没有十全十美的事物，许多事情往往都是双刃剑，若女人只看到刀刃的一面，受伤的永远是自己。

4. 感恩工作

对工作心存感恩就会忠诚敬业。即使是为公司做出了巨大贡献，女人也不应居功自傲、目中无人，仍要心存感恩，感恩你和公司一起成长，感恩公司为你提供了施展才能和抱负的舞台，感恩领导对你的信任、重用和同事对你的大力支持。在你向着既定目标努力奋斗的过程中，只有心存感恩，才能获得继续前进的内驱力。

5. 感恩自然

四季交替中，女人会感受到大自然不同的呵护和关爱。寒冷的冬日，早晨第一缕阳光透过窗户照在你的床头，你会感到那仿佛母亲温暖的手抚摸着你；夜晚来临，月亮像个多情的人，将一片幽辉撒在你的床前，静静地听你诉说心中的话。蓝天给你以自由遐想，大海给你以深沉雄浑，草原给你以宽广邈远，高山给你以坚毅勇敢，流水给你以柔情缠绵，这些美好会增加女人幸福感。因此，女人没有理由不对大自然心存感恩，尽自己所能去保护大自然。

女人心存感恩，就会看到生活的美好，发现自己身边的幸福，就会以更加积极的心态去面对生活，而周围的人也会因为她的感恩的心而更加喜欢和亲近她，无论她走到哪里，都会受到人们的欢迎。

宽容的女人最有人缘

福克斯说得好："只要你有足够的爱心，保持尊重和宽容的心态，你就可以成为全世界最有影响力的人。"是的，没有人会拒绝一个宽容的女人，也没有人不愿与宽容的女人做朋友。因为但凡有宽容胸襟的女人，其心中必然是温暖和风，清风明月，全无半点瑕疵、晦暗的东西。

倘若一个女人今天记恨这个，明天记恨那个，那么她的朋友会越来越少，对立面越来越多，这会严重影响女人的人际关系和社会交往，使自己成为"孤家寡人"。

是的，我们必须承认要做到宽容很难，因为活在这个世界上，不管我们愿意与否，都会经历这样那样的不如意。亲友感情不睦，邻居相处不和谐，同事之间不团结，朋友之间的误会，都有可能使女人陷入悲伤、痛苦的感情沼泽，气愤、怨憎的情绪也会随之滋生。女人在憎恨别人的同时，也在自己的心灵深处种下了一粒苦果，不断地伤害着自己的身心健康，而且面对大小琐事，倘一一计较，便会心累至极。不分昼夜地为他人而生气，待心情回转过来，再去作一番分析，便会发现原属不值，亦不必。因此，女人应以宽容的态度谅解别人的过错，消除彼此之间的误会，化解矛盾，从而使自己始终保持舒畅的心情生活与工作。这样，宽容的是别人，受益的却是自己。

在人生的道路上，我们不妨学着豁达一点，宽容一些，女性朋友们可以试着从以下方面入手。

1. 学着理解别人

当发生什么意外的事情时，不妨设身处地地站在别人的角度来思考一下，这样你或许会发现自己也应该承担一半的责任。学着理解别人，体会他们的苦衷，你的抱怨和烦恼就会少很多。

2. 保持乐观

一个悲观的人总是很容易想到事情不好的一面，而且心情比较压抑和郁闷，所以总会对别人不满或者生气。虽然有的人平时很好，可是一旦遇到什么事情就悲观起来，这也谈不上是真正的乐观。真正的乐观是不论在什么时候都可以给自己鼓励和希望，并且相信自己。

3. 不要斤斤计较

斤斤计较，只会让别人觉得你是个小肚鸡肠的人，只会让你一时觉得占了便宜或者没有吃亏，但是心里也很难受。如果你是一个宽容的人，就不会在乎朋友的失约等小事，烦恼也就少很多。

4. 不要对自己失望

现实生活中，没有完全相同的两个人，每个人都有自己的社会经历和教育背景，也都有自己的处世方法和做人原则。所以不要拿别人的标准来要求自己，更不要对自己失望。

5. 放开眼光

不要老是把眼光放在自己的小圈子里，鼠目寸光的人永远只能看到眼前的一点利益，所以要学着把眼光放长远一点。一个人要想真正实现自己的价值，仅仅局限在自己的小圈子里是不行的，必须发掘自己的潜能，为他人、为社会做出一点贡献。一个有全局意识和集体意识的人才会真正得到大家的认可和尊重。

6. 培养业余爱好

培养丰富的兴趣爱好，多参加社会活动，多交朋友。这样一方面可以帮助你陶冶情操，培养健康的个性，消除心理压力和消极心理；另一方面也可以帮助你建立良好的人际关系，学会互帮互助，避免狭隘的心理，学会宽容。

文明素养尽显女人魅力气场

文明素养是一个人道德品质、综合素质的基础因素，不礼貌不文明的行为，既不利于女性自身的发展，也将严重影响社会规范的形成。所以，要想成为一个在社会活动中受欢迎的女人，就要在举手投足间尽显文明素养。如果一个女人长相倾城，打扮入时，却举止粗俗，口吐脏话，她的个人形象就一定会跌到最低点，令人反感。

朋友餐馆开业，一来为了讨个喜气，二来为了吸引顾客，便邀请了一演出团进行表演。那天是我陪小侄子去少年宫上课，于是就带着他一同前去，凑凑热闹。

临时搭建的舞台上，四位身材修长、长相可人的美女可是让台下的观众们大饱了眼福，同时也让身材略显胖的我羡慕不已。看着她们在台上扭动着不足一握的纤纤细腰，我都有了减肥的冲动。可是中途的一场意外却让我打消了这个念头。

舞台不远处有一个小喷池，里面有许多的小金鱼，吃饱喝足的小侄子有些坐不住了，吵着要去看小金鱼，无奈我只能起身陪他前去。由于舞台上已换上了一组戏曲表演，对戏曲向来不太感兴趣的我也把注意力转移到小侄子身上，陪着他一起看喷池里的小金鱼。

正在我们追逐着小金鱼灵活的身影时，旁边传来一声难听的咒骂声："你他妈的长没长眼睛啊，水都溅了我一身。"

我抬起头，只见刚才让我羡慕不已的一"美女"，正恶狠狠地瞪着刚才不小心把小木棍扔进喷池里的小男孩。小男孩看起来 5 岁左右，一边说着对不起，一边伸手要帮“美女”擦水。可是小孩的手伸到一半时，“美女”惊叫道：“滚开，别用你的脏手碰我。”

看着“美女”厌恶的表情，我眼前的她变得异常丑陋。那只是一个孩子，她却说出了那样恶毒的话，原来漂亮的外表下竟然藏着一颗如此丑陋的心。那一刻我突然觉得自己减肥的理由竟然变得有些可笑。

一个女人不只需要良好的外貌打扮，更需要良好的修养。无论是在生活中还是在工作中，都请女性朋友们小心看护和保管好我们个人的格调和品位，要知道，在别人的眼里，我们的一言一行都代表着自己，请别让它们出卖了自己，让自己的品格在粗鲁的言行中荡然无存。

女人必须明白，你的衣着、言谈和举止会告诉别人你是什么样的人。即使别人以前对你并不了解，但通常在初次见面的几分钟内就会评价一个人的素质、背景和能力。所以你的眼神、你的说话方式、你的举止就是你最基本的信息，其他人正是通过这些信息知道你是什么样的人，或者判断你将来会成为什么样的人。具有文明素养的女人无论何时何地都会神采奕奕，而她的魅力气场也会让众人不断向她靠近。

女人谦虚才能赢得尊重

饱满的麦穗总是低垂着,自然界里不乏这样的现象,人生亦如此,谦虚的人生才是“丰盛”的人生。

日常生活中,人们惯于津津乐道自己最高兴、最得意的事。事实上,即使是你怀有最大兴趣的事,有时也很难引起别人热烈的响应,而且还让人觉得好笑。“那一次纠纷,如果不是我给他们解决了,不知还要闹多久,你要知道他们不把任何人放在眼里,不过当着我的面他们就不敢含糊了。”即使这次纠纷确实是你调解解决了,可是一句“当时我恰巧在场就替他们调解了”,不是更让人敬佩?一件值得称道的事,被人发觉之后,人们自然会崇敬你。但假如你自己不讲究技巧,一味地夸夸其谈,最后必然会遭到大家的蔑视。

美玲是人如其名,1.70米的身高、俊俏的脸蛋、苗条的身材,怎么看都是一个十足的美人,更为重要的是美玲还能讲一口流利的英语,这也是她最为得意的资本。刚进公司的时候,上司陈娜对她很亲切,但在一次跟外商谈业务的聚会上,美玲出尽了风头,她得意地用英语跟外商海阔天空地交谈,并频频举杯。她以她的高贵与美丽成了整个聚会上的焦点人物,而把上司陈娜冷落到了一边。聚会结束没多长时间,美玲就被调到了一个不太重要的部门了。

美玲一点不谦虚的表现,自然让上司陈娜沦为配角。她在公众场合喧宾夺主,旁若无人地与上司抢“镜头”,使上司陷入尴尬的处境,上司当然不愿意把这样的下属留在手下了。

一个智慧的女人，知道什么时候该表现自己，什么时候该收敛自己，一个收放自如的女人，一定是一个有强大气场的女人。学会谦虚对女人很重要，正如名人陆绍珩所说：人心都是好胜的，我也以好胜之心应对对方，事情非失败不可。人情都是喜欢对方谦和的，我以谦和的态度对待别人，就能把事情处理好。

有一位在一流企业担任要职的领导荣升为经理，在就职的发言中她说道："我一向对数字感到头痛，所以以后还请大家多多帮忙！"

就这一句话，把为了迎接能干的经理而战战兢兢的属下们的紧张感一扫而空。但是，后来的情形却恰恰相反。当属下提出书面报告时，她一眼就看出了差错："这地方数字有错哟！"她若无其事地督促其注意。这个指正其实很细微，但却相当重要。这样，便会给下属留下这样的印象："这经理明明说她什么都不懂，其实相当不含糊呢。"

想赢得他人的好感，就应适当地隐藏自己的实力。因此，女人应该学会谦虚。谦虚是一种好品质，它可以帮我们赢得他人的尊敬。

做一个谦虚的女人，要注意以下几点：

1. 谦虚不是谦让

要谦虚，但不能太谦让。谦让是一种好品格，但在社交场合中若谦让太多，常会与很多机会失之交臂。在交际中，很多人的缺点就是谦让太过。把好多事推给别人，常表现为"口欲行而趔趄"的犹豫不决，这样就丧失了很多机会。

2. 谦虚不等于太多礼貌和客气

与人来往应当注意礼貌，尤其是刚认识的朋友。但是过分的客气却像一道无形的墙，妨碍双方的进一步交流。人之相交，贵在知心。

3. 谦虚不等于太多自责

对交际中的失误常作检讨，以便及时纠正，当然是好事。但过分自责无异于因噎废食，作茧自缚。因为，任何人在交际中都不可能完全没有失误，即使是德高望重的领袖人物，失误也在所难免。当你自责不已时，那些在场的人士或许对你的失误早已忘却了。更何况，当你下次以新的形象出现在交际场合，且一一纠正了对以往的失误时，大家自会对你另眼相看。

别让嫉妒摧毁你的气场

法国作家巴尔克说：“嫉妒者承受的痛苦比其他人遭受的痛苦更大，因为他自己的不幸和别人的幸福都会使他痛苦万分。”

据报载，在一个乡村里，发生了好几家人陆续死亡的事件，公安机关费了一番周折，才将元凶找出来。

原来，这村里有一个中年女人，丈夫离家出走后就没再回来。这个女人渐渐因自己的孤独生活而对别人家亲情融融的生活产生不满，她看不得别人一家子在一起时的那种亲密，为此，竟然妒火中烧。于是她心生歹意，装着帮人家老人小孩做饭，或请别人来家里吃饭，伺机下毒，且是少量慢慢地下，使服毒者事后慢慢加重病情。这样嫉妒心强的女人，一手制造了“人在家中坐，祸从天上来”的惨剧。

人家自己过自己的日子，又没有和任何人闹什么不愉快，却也会被这女人的嫉妒之心害死。足见嫉妒是多么可怕！

嫉妒会使女人的心中充满恶意、伤害。如果一个女人在生活中产生了嫉妒心理，那么她就会从此生活在阴暗的角落里，面对别人的成功或优势咬牙切齿、恨得心痛，而这样的女人也必定是不受众人欢迎的。

其实，女人心存嫉妒，首先伤害的就是自己，因为她不是积极进取，而是把时间、精力都浪费在日复一日的蹉跎之中。嫉妒同时也会使女人变得消沉，或是充满仇恨，如此一来，她的气场就不会吸引人靠近，反而会使人离她越来越远。

心理学家认为，女人的嫉妒是有层次的。一是潜意识嫉妒，如果把嫉妒比成金字塔的话，这是塔基，人多势众，处在这一层次的女人在大街上遇到漂亮女人，心生嫉妒，但决不会表现出来；二是显意识嫉妒，这是塔身，人少了许多，同样是遇到漂亮女人，处在这一层次的女人就会“呸”人家一口，或者说一些嫉妒的恶语；三是变态心理，这是塔尖，人数更少，如果遇到漂亮女人，处在这一层次的女人就会从后边扔过去一块石头，甚至会做出其他伤害别人的事情。

那么，当女性朋友们出现嫉妒心理时应如何克服或调整这一人性上的弱点呢？

1. 要放宽眼界，心胸开阔一点

山外有山，人外有人。在这个世界上，比你强的人有很多，嫉妒身边的一两个人根本是自寻烦恼，关键是嫉妒心理还会阻碍你向前发展。所以与其嫉妒别人，不如发奋努力，迎头赶上。

2. 学会尊重别人

人们常说，只有先尊重别人才能得到别人的尊重。所以女性应正视别人的优点和长处，对于别人的超越要心悦诚服，然后向其学习，使自己更加的完善。

3. 转换你的嫉妒心理

嫉妒心理并不全都是消极的、不利的。相反，嫉妒心理也会让我们产生自爱、自强、自奋、竞争的行动和意识。所以，当别人比我们更加优秀时，不妨试着转换一下嫉妒心理，促使自己发奋努力。

总之，对别人的成功，要以一种积极的心态去对待，以他人的成功为动力，要求自己以最大的精力、时间、智慧去追求更远大的目标。保持自己的积极心态，对别人的好事多祝福，消除恶魔般的醋意，这样，你的人生自会有一番别样的精彩。

品德高尚才最可贵

在生活中，常听人说要做一个高贵的女人，可高贵是什么呢？一个人的高贵与她的地位高低、财富的多少无关。行为品德才是一个人是否高贵的体现。

庄子曾告诉我们：“权势高为天子，未必可贵；穷困为一般人，未必低贱。贵贱的区别在于品行的好坏。”

综上所述，真正的高贵是品德的高贵。

“功成名就，衣锦还乡”历来被人们所向往和称颂。对于出生在贫困山区的李静而言，摆脱贫穷，开创出一番自己的事业是她一直努力的目标。经过一番努力和打拼，现今的她已在北京小有成就。这次由于母亲病重，她不得不放下手中的工作，回家探望。其实，李静不止一次要求母亲搬到北京与她同住，但每一次都被母亲婉拒了，她说：“我喜欢这里，北京虽然繁华，但这里有需要我的孩子们。”

李静的母亲是一名教师，是那座大山里唯一的教师，数学、语文、英语、音乐、体育……只要是城里孩子所学的课程，她都会想尽办法让孩子们学习。前段时间，母亲还让李静买了一些有关电脑的书籍邮寄过去，说是她买了一台电脑，要教孩子们学打字。尽管李静从书店买了不少有关的书籍邮寄了过去，但她从心底里还是有些瞧不起母亲。她觉得女人不应该一辈子困在小小的山沟里教书，而应到外面的世界里去闯出一番自己的天地。

随着客车离山区越来越近，看惯了京城繁华的李静不由地对山区的贫穷发出感慨，而衣锦还乡的优越感也油然而生。可是当她站在母亲的病房前时，那种功成名就的优越感却荡然无存了。

那是一间十多平的单人间，房间里唯一的小桌上摆满了一些不知名的花草，一个腼腆的小女孩认真地削着苹果皮，一个小男孩拿着一本书大声地读着。母亲则闭着眼睛，一脸的享受，像是在聆听一场音乐会一样。

其实，这一路上李静想到最多的就是无亲人在身旁的母亲将会是如何的孤独与寂寞，但事实显然与她想的不一样。在母亲生病的这段日子里，她不仅不孤独，反而被大家照顾得很周到。到了晚上会有学生来医院陪伴母亲，等到白天时，孩子们会赶十多里的山路轮流来照看母亲，向她汇报大家在学校的学习情况。孩子们带来的那些不知名的山间野花香取代了医院浓重的药水味，摆在病房一角的苹果、鸡蛋让这间不大的房间显得更为狭小，但也多了不少温馨。

看着眼前的一切，李静想到了自己生病时，每天吃的都是医院的营养餐，来看望的人虽然有，但更多的时间是一个人对着天花板发呆，尤其是夜晚来临时，那种孤独感和寂寞感会把她淹没。

忽然，李静眼中的母亲突然变得高大起来，她想母亲在山区孩子与家长的心中也一定有着如山一般高大的形象。

高贵是一种心灵的状态，是一种人格化的精神，是一种摄人心魄的气质，一个人在生活中所做的善行，会影响到他人的心理和思想。善行在许多品德高尚的人身上，闪烁出耀眼的光芒，它滋养着生命，芬芳着心灵。

猜疑是减弱气场的心结

培根说：“猜疑之心有如蝙蝠，它总是在黄昏时起飞，这种心理使人精神迷惘，疏远朋友，而且扰乱事务，使之不能顺利有恒”。

猜疑是一种没有正面价值的不良心态，女人的猜疑心可能比男人更重一些，这缘于女性特有的细腻、感性和多愁善感。这就使女人的内心有了充足的水分和阳光，来让猜疑生根发芽，破土而出，枝繁叶茂，开花结果。但这果往往不是甜的，而是酸的、涩的，甚至是苦的。

一妻子怀疑丈夫有外遇，只要丈夫打电话来说“晚上要和客户在外吃饭”或“加班”，她就会开车到丈夫公司附近查看究竟。她平时经常偷偷查看丈夫的通话记录，还按照小报上登的广告，买了窃听器。甚至还申请了一个MSN号“色诱”丈夫，以探其是否有外遇……她简直就变成了一个私家侦探，变得多疑，脾气也越来越不好。

最后，丈夫被妻子这种处处神经过敏、捕风捉影的行为弄得真有了外遇，妻子悔不当初。

女人一旦陷进猜疑的误区，必定处处神经过敏、捕风捉影，既损害正常的人际关系，更影响自己的幸福生活和身心健康。但猜疑的女人从来不觉得自己的猜疑是错的，而且千真万确地坚信不疑。一旦猜疑的目标和主题确定之后，她们就会为自己的“捕风捉影”

罗织证据。就如《列子》中的“疑邻窃斧”者一样，自家的斧子丢了，总怀疑是邻居的儿子偷去了，看其言谈举止、神色仪态无一不是偷斧的样子，从而断定就是他偷的。可是等到从山谷里找到自己的斧子后，再看那邻居的儿子，竟然一点也不像了。女人一旦产生猜疑，自然也就越想越是，越看越像，并不遗余力地把自己的假想推定为现实，从而自圆其说，作茧自缚。

心理学家指出，女人产生猜疑的原因主要有以下几点：

（1）错误的思维定式。喜欢猜疑的女人，总是以某一种假想目标为起点，以自己的一套思维方式，依据自己的认识和理解程度进行循环思考。这种思考从假想目标开始，又回到假想目标上来，如蚕吐丝做茧，把自己包在里面，死死束缚住。

（2）相互间缺乏信任。一个女人对别人越缺乏信任，产生猜疑心理的可能性也就越大。

（3）不良心理品质。猜疑心理重的女人通常狭隘自私、自尊心过强、嫉妒心强烈。

（4）受流言飞语的影响。听信谣言，也会使女人产生猜疑心理。

当女人用猜疑无辜地伤害着别人的同时也会由衷地伤害自己，给自己套上无形的精神枷锁，痛苦地挣扎其中而不能自拔。

有道是“疑心生暗鬼”。如果“天下本无事”，那么女人就不要“庸人自扰之”，多一点自信，增一点他信，“不管风吹浪打，胜似闲庭信步”。那么，女人应该怎样克服猜疑心理呢？

1. 培养理性

怀有猜疑心理的女人，其思维状态陷在一个封闭的思维循环中，从自己开始的一个假想出发，通过错误、片面的论证，再绕回到假想。在这个封闭的思维过程中，假想被越描越粗、越画越圆，猜忌也就深深种下了。因此，女人发现自己的猜疑开始冒头时，应当立即提醒自己冷静、理智地想一想产生怀疑的原因，克服“当局者迷”的认知误区，通过引进正确合理的信息，在错误的思维循环形成之前就阻断它。

2. 完善个性、品质

加强个性、品质的改造，培养高尚的道德情操，净化心灵，拓宽胸怀，提高精神境界，冲破封闭思维的桎梏，排除不良个性品质的消极影响，可以有效消除女人的猜疑心理。

3. 培养自信心

每个女人都应当看到自己的长处，相信自己会与周围人处理好人际关系，会给别人留下良好的印象。当女人充满信心地进行工作和生活时，就不用担心自己的行为，也不会随便怀疑别人是否会挑剔、为难自己。

4. 学会自我安慰

一个女人在生活中遭到别人的非议和流言，与他人产生误会，没有什么值得大惊小怪的。女人在一些生活细节上不必斤斤计较，可以糊涂些，这样就可以避免很多烦恼。如果觉得别人怀疑自己，应当安慰自己不必为别人的闲言碎语所纠缠，不要在意别人的议论。

5. 加强沟通和交流

了解是信任的基础，信任是感情的纽带和猜疑的坟墓。很多情况下，误会开始时都很微小，但是如果误会不能很快消除，就会发展为猜疑。特别是当女人冷静、理智地思考后疑惑依然存在，此时就应该及时通过适当的方式，与对方坦诚地沟通，交换一下意见。如果是误会，可以及时消除；如果是观点角度不同，可以换位思考，至少可以通过沟通了解对方的真实想法；如果通过沟通证明猜疑并非无端，那么良好的沟通也可以使事端化解在冲突之前。

言而无信，就会无人信“言”

以诚待人，是做人的美德，女人在做人做事时也要讲“诚信”二字，养成诚实守信的美德，如此才能受到众人的欢迎，而你的气场也会因诚信而显得强大。

“人而不信，不知其可。”信用是一条自然法则，更是一条不可违背的人生定律。高度的信用是人生的闪光点，也决定了女人的气场强弱。一个女人做人做事均无信可言，是很难在社会上立足的。因为人们均不齿于那些言而无信的人。

曾有一个名叫谢芙牡的女人，为人不够诚实。大学毕业后被调配到某机关单位。身为菜鸟的她担心自己会受“外来户”的待遇，于是，在一次聚会时，她给大家讲了一个故事：

“大家可能都以为我叫谢芙牡，其实，我本不姓谢，而是姓解。在我3岁那年，我们沧县，对，是沧县，我本来是沧县人，我们沧县发了大水、巨大的洪水吞没了村庄，吞没了房屋，还有我可怜的爹娘……”

说到这里谢芙牡声音凄切，眼睛里竟也挤出几滴泪来，众人听了又惊又同情，她看看大家接着说：“我娘怕我淹死，把我裹好放在一个大木盆里。我便随着大水四处漂流，后来被现在的父母救起，他们把我养大，给我起了名字‘谢芙牡’，实为‘谢谢浮木’之意。实际上，我也是沧县的呢！”

这一番话激起了大家的同情心，特别是沧县的老乡更是纷纷关心她，把她当作老乡看待。从此，她的日子顺心如意，暗喜自己这一绝妙的把戏。

但是，好景不长，后来人们都知道了她的话不过是信口捏造的。顿时，大家都对她格外小心，无论她说什么，大家都是认真考虑一番，只听其三分。她与众人的关系也因此变得更为尴尬。

故事中的谢芙牡终落得自己做了夹板自己戴，而这一切又都是她施巧术的恶果，因此，做人应以诚信为本。如果你说话无信，那么今后就很少有人会信你所“言”。所以，养成诚信的习惯，坦荡做人，我们才会被众人所接受，诚心相交；坦荡做事，我们才会在追求理想和事业的道路上走得更稳，走得更远。

美国IBM公司的一位女职员，在为客户送急需的计算机配件的路上，遇到了倾盆大雨，汽车根本无法行驶。按照常理，这是不可抗力因素，而且对她的人身安全构成了危险，她完全有理由返回公司，等雨停之后再去送货！

但她没有这样做，因为公司已经答应了客户，所以无论如何也要做到！她如果返回公司，不仅公司的信誉会受损，自己的个人信誉也会受到较低的评价。想到此，她义无反顾地开始了自己的长途跋涉。经过近5个小时，她终于抵达了客户所在地，解决了对方的难题！这位女职员，用自己的行动捍卫了公司的信誉，也为自己建立了“信用”品牌！

孟子说：居天下之广居，立天下之正位，行天下之大道。要想在竞争中胜出，就必须坚守做人的道德底线，尤其是诚信这条不可逾越的道德底线。人们常说“做事先做人”，诚信是做人的基本准则。否则，就算你具有很多优秀的素质，你也未必会得到他人的尊敬，更不会获得成功。

王永彬在《围炉夜话》里说过，“世风之狡诈多端，到底忠厚人颠扑不破。末俗以繁华相尚，终觉冷淡处趣味弥长。”意思是说尽管社会上盛行尔虞我诈的风气，但说到底还是忠厚老实人能永远立于不败之地。尽管社会习俗争相以奢靡浮华为时尚，但毕竟还是在清净平淡之中体会到的淡泊趣味更为持久耐长。

因此，不要因为现实的残酷、人情的冷淡而丢弃了诚信这一人生资本。因为一个人一旦没有了诚信，他以后势必会遭遇很大的阻力。可靠之人，必须可信，这是每个人都必须懂得的做人、做事之道。那么如何才能可靠，如何才能可信？做不到的别许诺，凡事先思考，超出能力范围的不要轻易答应对方，这就是量力而行。你坦诚地告诉对方自己能力不足，对方不会责怪你。答应了却完成不了，反而遭到对方的轻视！总之，就是说到了，不管遇到何种阻碍，也要想尽办法去完成。只有诚信的人，才能被他人所信任。

真诚相待才能聚人心

在女人的品质里，“真”占据了很重要的位置。“真”是美的基础和前提，是一个女人魅力最重要的组成部分。真实、真诚、真心，一个女人具备了这几样特质，就有她淳朴原始的可爱，如棉布的拙朴粗砾，如山风的清新扑面，如那山野里遍天漫地的野花，自由自在地开放，该开花就开花，该结果就结果，该凋谢就凋谢，不矫揉造作，不忸怩作态，自自然然，以生命赋予的最初的状态，呈现一份未经雕琢的天然古朴的美。你欣赏也好，你忽视也罢，它都不会介意，而只是快乐地、竭尽所能地去绽放。

每个人都希望看见一张真实的脸，感受到一颗真诚的心。也许她长得不够漂亮，也许她处事不够练达，也许她不会八面玲珑，长袖善舞，更不会算计，不会钻营，不会为达目的不择手段，不会走捷径迅速地去获取所谓的“成功”。但是，当你面对这样一个女人时，会感觉自己面对的是一条清澈见底的小溪，不用伪饰，不用设防，如明月的光辉，如清风的拂面。你会解除掉捆绑在心灵上的层层枷锁，解脱掉束缚于灵魂的种种重负，洗净世俗不洁的尘埃，摆脱功利场上尔虞我诈的凶险，回复到孩童般纯净透明的真。你会不由自主地以一颗更“真”的心去与之交往。

但可悲的是，在现实生活中，为了取得别人的好感，一些女人开始戴上伪善的面具，想尽办法，耍尽手段，想与那些对自己有用的人结交。

殊不知，伪善只能暂时笼络人心，而真诚才能长久抓住人心。

所以，女人在与人交往时千万不要吝惜你的真诚。要想真正获得人心，就要敞开心扉，与别人赤诚相见，如此别人才能了解你、依赖你、接纳你、帮助你。

真诚就是保持人原有的那份美丽、坦然和纯真，而不是工于心计，对人不讲实话、不吐真言。

做一个真诚的人，关键在于一切从平时的小事做起。

首先，要做到真诚，不能只在外表上下工夫。说话动听悦耳，而你的内心不诚，至多只是“巧言令色”罢了。对方如不是糊涂之辈，定会看出你的虚伪，因为内心不诚，凭你巧言令色，终有若干破绽给对方看出，岂不是心劳术拙吗？相反，内心真诚，即使拙于辞令，拙于表情，也能体现出你的朴实。诚且朴实，效力更大，只要对方对你素无误会，你的真诚，必能感人。

其次，最忌的是平时好用欺骗手段，欺骗也许能得一时之利，却不能维持长久。如果你的欺骗日久为人察出，即使你真的有诚意，仍会被认为是另一种姿态的虚伪。因此，一生不可有任何欺骗行为。也许你曾遇到过这种人，你以真诚相待，他却以诡诈回报你，于是，你便对于真诚的效用发生了怀疑。其实，这只是由于你的真诚不足以打动对方的心。对一切你要“反求诸已”，不必“求诸人”，这是用真诚打动别人的唯一原则。

再次，对方倘不是深交之人，你却畅所欲言，只能显示你的冒昧和浅薄。真诚本来有三种限制：一是人，二是时，三是地。非其人不必说；非其时，虽得其人，也不必说；得其人其时，而非其地，仍不必说；非其人，你说三分话，已是太多；得其人其时，你说三分话，正给他一个暗示，看看他的反应；得其人其时，而非其地，你说三分话，可以引起他的注意，如有必要，不妨择地长谈，这并不与真诚相悖。

总之，要想使自己成为真诚的人，第一步就要锻炼自己在小事上做到完全诚实。当你不便讲真话时，不要编造小小的谎言，更不要去重复那些不真实的流言飞语。

提升人格魅力，气场自然强大

人格是一个人性格、气质、能力等特征的总和，是道德品质的集中反映，是理想和追求的外部表现，是一个人灵魂的折射。具备什么样的人格，也就决定了什么样的人生追求和价值目标。人格魅力是一种很能吸引人的力量。

人格魅力是一种信念力。信念如阳光，令万物生辉；信念如种子，蕴涵生机无限。信念坚定是女人富有人格魅力的重要特征。女人拥有信念，就有前进的方向和动力，就能实现自己人生的价值。

人格魅力是一种凝聚力。女人良好的人格魅力有如一个“磁场”，能够极大地感染周围人的情绪，使大家凝心聚力，形成一个坚强的圈子。《五帝本纪》记载：“舜所居，一年成聚，二年成邑，三年成都”，“四海之内，咸戴帝舜之功”。通过这段文字，我们看到了舜帝强大的凝聚力。据史书记载，舜帝在部落当中的凝聚力，主要来源于其自身“以德报怨、恭谦礼让、助人为乐、诚实守信”的人格魅力。一个女人如果能以自身的学识、才能、品格所形成的人格魅力吸引周围的人，那么她必定会成为圈中最亮的那颗星。

人格魅力是一种修养力。孔子曰：“为政以德，譬如北辰，而众星拱之”。孔子所倡导的德，既指统治者要以仁义道德治国，又指为官者要怀仁德之心。放在今天来看，女人的“德”就是一种道德修养，是一种人格魅力。具有良好的道德修养，是女人富有人格魅力的重要体现。

英国女作家夏洛蒂·勃朗特的《简·爱》被认为是世界文坛不可多得的经典作品，简·爱只是一个普通的家庭女教师，个子矮小，相貌也很平凡，可是她却最终获得了罗彻斯特先生的爱情。简·爱就是用她善良、正直、充满爱心的人格魅力，打动了罗彻斯特先生，也打动了无数读者的心。

人格魅力是一种非权力性影响力，是一种无声的命令，能够产生强大的凝聚力、感召力和示范力。一个人格高尚的女人，必定能赢得众人的尊重和认同，也会受到众人的欢迎。

人格魅力有其与生俱来的成分，比如一个人的相貌、秉性等，但更多的是通过后天的培养、修炼而塑成，如学识、气质、品行等。作为女人，应该努力塑造良好的人格魅力。

首先，要常与那些有魅力的人交往。通常情况下，我们都会发现，有些人即便与我们偶尔相识，仅有一面之交，却也能引起我们的注意，给我们留下较深的印象，使我们在不知不觉之中，和他们接近，成为朋友。在这个过程中，我们的人格也受到了一定的影响。

其次，在与人交往的过程中，最主要的是真诚，只有真诚才能换来对方的信任和喜欢。因此，真诚无私能为一个女人增添许多内在吸引力。

再次，在理智上，表现为感知敏锐，具有丰富的想象力，在思维上有较强的逻辑性，尤其是富有创新意识和创造能力。在情绪上，表现为善于控制和支配自己的情绪，保持乐观开朗、振奋豁达的心境，情绪稳定而平衡，与人相处时能给人带来欢乐，令人精神舒畅。在意志上，表现出目标明确、行动自觉、善于自制、勇敢果断、坚忍不拔、积极主动等一系列积极品质。

总之，为了提升自己的人生品质，我们应该积极地克服那些对自己不利的性格因素，努力为自己的个人魅力加分。

第二章
保持自信，积极气场让你好运常伴

气场，看不见，摸不着，但每个人都有气场，而且都会产生吸引力。一个具有消极气场的人，会把这种气场传给别人，使对方也变得压抑、郁闷，消极的气场还会吸引更多消极的能量，使我们霉运不断；一个具有积极气场的人也会把这种气场传给别人，使对方变得开朗而富有活力，而且还能吸引积极能量，使自己好运常在。因此，每个女人都应该保持自信，如此一来，你才能好运常在，处处受欢迎。

幸运密码掌握在自己手中

为什么幸运的人总幸运，倒霉的人老倒霉？为什么有的人成功，有的人失败？为什么自认长相不差的你却还剩着，长相平平的她却能嫁得好老公？其实，幸运与否是由你的气场所决定的。所有的奥妙都在你自己身上，它决定着你将遭遇好运还是厄运。

为什么这么说呢？相信大家都可能有过这样的经历。老师提出了一个较难的问题需要学生们来回答（一般是已经讲过的问题），而你却不知道这个问题的正确答案。于是你在潜意识里会有“千万不要叫我来回答”的想法，而你也恨不得让自己隐身，可是老师却偏偏喊了你的名字，结果回答不了问题的你自然要挨一些白眼，于是你大呼“为什么偏偏选中了我！”相信这类每次你一想“不要叫我”时老师总会喊你的名字，而你想“我想回答”时老师却对你视若无睹的情况曾让我们在大惑不解的同时，也不禁感叹老师眼睛之犀利。其实，这与老师的眼睛犀利无关，而与你当时所散发出来的气场有关。可以这样说，如果你是积极自信的，那么你的气场就会变得特别强大，你的气场传递给老师的信息是你认真听讲了，知道问题的答案；如果你是消极逃避的，那你的气场就会变得非常弱小，你的气场所传递出的信息是你没有认真听讲，不知道该如何回答问题。如此一来，认真负责的老师为了鞭策那些不认真听讲的人，往往会找那些气场弱的人来回答问题。

由此可以看出，幸运的密码掌握在我们自己的手中。如果你想让幸运时时光顾，就要让自己拥有“幸运儿气场”。心理学家研究发现，幸运者明显有以下三项人格特质：

1. 幸运者比不幸运者要外向许多

外向的人善于交际，他们喜欢花时间参加朋友的聚会，也比较喜欢从事团体合作的工作，而他们的外向性格，大幅度提升了他们的好机遇。

有位在银行界工作的女士，在一次爬山活动中，与路上休息的一位陌生人友善攀谈起来，相谈甚欢，两个月后，她到了这位新朋友所在的外商银行，成了他的属下。她老开玩笑说："我的这份工作是搭讪搭来的。"

除了喜欢主动与别人交谈之外，幸运者似乎也总能吸引别人来接近他。这种"社交磁铁"般的吸引力让他们在参加各种活动时，经常会吸引陌生人前来与他们攀谈。

例如，走在路上，也会有人向他问路或问时间，而其中往往就有许多未来的贵人出现。听起来很棒吧？贵人主动送上门来，但心理学家进一步的研究显示，他们之所以有超级迷人的魅力，与他们的肢体语言和面部表情极有关系。

研究发现，在一段时间的谈话中，幸运者的微笑次数比不幸运者多达两倍，而与他人有目光接触的次数也明显较多，另外，他们采取开放式的肢体语言（面向交谈的对方，张开双臂双腿，并出现手掌向上张开的欢迎姿势）比不幸运者足足高出三倍。所以，要改变自己的运气，大可先从改变自己的身体语言做起！

2. 幸运者怀有轻松的生活态度

英国心理学家理查德·怀斯曼在他的《怪诞心理学》中，描述了一段有关幸运的文字：

我给那些自愿者每人发一张报纸，请他们仔细看过后告诉我里面共有几张照片。其实，我还在这张报纸上为他们准备了一个赚钱的机会，不过我并没有告诉他们。在报纸的中间部位，我用半版的篇幅和超大的字体写了这么一句话："如果你告诉研究人员看到了这句话，就能为自己赢得 100 英镑！”那些运气不佳的人完全把心思花在了清点照片的数量上，所以并没有发现这个赚钱的机会。与此相反，那些幸运儿显得非常放松，所以看到了报纸中间的大字，从而为自己赢得了 100 英镑。这个简单的实验表明，幸运的人总能够把握住意想不到的机会，从而为自己带来好运。所以，想要提升自己的运气，试着在生活中随时放松心情，就更容易察觉到环境中的大好机遇。

3．幸运的人抱持开放态度

人格维度中的另一项就是开放性。在这项上得分高的人，他们的生活多姿多彩，而他们也乐于尝试新的事物。

研究发现，幸运者总是对生活充满好奇，凡事抱有非常正面的开放态度，什么都愿意尝试，什么都愿意参与。

在一个有趣的研究中，心理学家做出安排：地上有钱，并且在咖啡馆里有企业家。结果幸运者一路闲逛，到处乱看，不但捡到了地上的钱，进到咖啡厅后，也接受了这位企业家的建议，尝试新的饮料，因此也交上朋友。而不幸运者既没瞧见地上的钱，对于别人给他的新建议也无动于衷，于是就错过了认识企业家的大好机会。所以，想要提升自己的运气，就应对所有的邀约都乐意尝试，如此许多好运才会在不知不觉中找上你。

心态不同，气场就会不同

你是否有过这样的经历？当自己遇到开心的事时，即使自己把快乐的情绪伪装起来，周围的人还是会有说有笑，和你愉快地聊天；可若当你遇到悲伤的事时，即使你假装很开心，周围的人还是会表现得谨小慎微。

为什么会出现这种情况呢？原因就在于你不同的心态所表现出来的气场在起作用。因为气场是一种心态，外貌和道具固然有作用，但最终还是发自于内心。就像有人所说的气场不足、遇事不顺也是这个道理。

许多人认为一个人的成败深受环境的影响，有什么样的遭遇就有什么样的人生。其实这是错误的想法，影响我们人生的绝不是环境，也绝不是遭遇，而得看我们对生活中的一切持有什么样的态度。

有两位年届70岁的老太太，因为对于未来的不同态度而有了不同的境遇。一位认为自己到了这个年纪可算是走到了人生的尽头，于是便开始料理后事；然而另一位却认为一个人能做什么不在于年龄的大小，而在于自己是怎么想的。于是，她给自己定下了一个更高的目标，在70岁高龄之际开始学习登山，随后的25年里她一直冒险攀登高山，其中几座还是世界上有名的。最后她还以95岁的高龄登上了日本的富士山，打破了攀登此山年龄最高的人的纪录。

乐观主义是美好生活的建造者，它带给我们的就是太阳所给予花草树木的；它是思想的阳光，它铸造了生命、美丽和成长。我们的思想在它的普照下，就好像花草树木在太阳光的照耀下繁茂生长一样。悲观主义是消极的。它就像一个黑暗的地牢，毁灭了一切生机与繁荣。

一位心理学家曾这样论述过人生与心态的关系：人生是好是坏，并不是由命运来决定，而是由人的信念和处世的心态来决定；生命像一条溪流，在岁月的原野上不断地流动着，如果你不主动地、有计划地掌握自己的航向，它就会随波逐流；如果你不在自己心理和生理的土壤中播种积极的一面，消极灰暗的心境就会像一只不祥之鸟，在我们人生的岁月里喳喳鸣叫。

所以说，不是环境也不是遭遇决定一个人的一生，而是他对于这一切赋予什么样的意义，也就是说他有什么样的认知，这不仅会决定他的现在，也决定他的未来。人生到底是喜剧收场还是悲剧落幕，是丰富的还是无声无息的，完全在于这个人到底抱着什么样的心态。

因此，努力保持美好、自信的心态，相信你的人生路就会越走越宽，而你也会越来越受欢迎。

正确认识自己很重要

认识自己对女人气场的强弱很重要。当一个人无法看清楚真实的自己时，她与自身的气场是分离的，各行其道的。一个无法主宰自己的人，她又怎么可能成为别人眼中的主角呢？非但如此，她还会像迷路的孩子一样，在茂密的森林中频频走失，只能靠别人的指引才能划出自己的人生轨迹。

生活中，我们总听到许多年轻女孩会说这样的话："我母亲希望我成为医生"，"我父亲希望我能出国深造"，"老师认为我不该报美术学院"，等等。

是的，生活中总会有许多人想对你施加影响，甚至连邻居都认为他们对你的出路有最好的看法。那么，你该怎么办呢？谁来替你安排生活？谁来替你做重要决定？谁来左右你的表现？我的看法是：在人生的董事会上，你永远是最大的股东。生命是属于你的，只有你才有权支配属于你生命所有的一切。如果你要感觉成功的快乐和称心如意的人生，那么请认真倾听、考虑你父母的意见，因为他们对你的人生有一定的发言权，但请记住一点：你必须是安排自己生活的唯一人选。

看到这里，许多朋友就会说："我倒是很想这么做，听从别人的意见我也觉得十分不自在。可是，如果不听他们的话，他们就会觉得不开心……"是的，生活中总上演着"父母爽，我不爽"、"我爽，父母不爽"的戏码。这让我们感到很无奈，但有一点你必须清楚，人生短暂，如果你为了取悦别人，而让自己始终活在不爽的生活里，那无疑是一个悲剧，因为等到最后你会恨自己，也会恨那些左右了你人生的人。但若你坚持做自己，那么你会觉得自己很幸福，而父母慢慢地也会发现，他们坚持的只是让你幸福的方式，如果你真的用自己的方式找到了幸福，那他们也会真正的快乐起来。

女人要记住，只有勇敢做自己，按自己的选择行动，我们才能过自己想要的生活。当然，在做自己之前，必须先认识自己。只有正确地认识自己，客观地评价自我，才能找准自己的位置，从而创造出属于自己的辉煌与美丽。

因此，从现在开始就认识自己，别放过每一个角落：优点，缺点，吾之需要，吾之渴求，在家庭中的位置，在公司的定位。然后是我们需要采取的策略：怎样包装自己，大步迈向舞台的中心！那么一个人该如何做才能正确认识自己呢？有以下几种方法：

1. 在和别人的比较中认识自己

还记得在高中的语文课本里，有一篇名为《邹忌讽齐王纳谏》的文章，在文章中，邹忌不断地拿自己与美男子徐公比较，从妻、妾、客等人的不同回答中，正确地认识自己，从中悟出了深刻的道理，从而突破了蒙蔽，超越了自我。

2. 从别人的评价中认识自己

俗话说，“当局者迷，旁观者清。”当自己不能正确认识自己、不能正确评价自己时，你可以把别人对自己的评价综合起来，经过多层次、多角度的分析，得出比较全面而公允的结论。这样，你就可以清楚地认识自己了。

3. 从实践中认识自己

人们常说，实践是检验真理的唯一标准。因此，你可以在生活中，通过反复实践、反复回顾来总结人生道路上的点点滴滴。这是正确认识自己的最主要的方法和途径。

总之，只有了解自己，掌控自己，女人才能制定自己的人生策略，才有可能成为别人眼中的主角。

自信的女人最美丽

有一种女人的魅力，是做作和装扮学不出来的，这就是女人的自信。自信是女人身上最耀眼的色彩。

自信的女人有一种不同寻常的魅力。她可以让女人更加的妩媚生动，更加的光彩照人，也可以让女人更坚强，更有勇气，坦然地面对挫折。

曾读过一首诗，名字叫《不要贬低自己》，诗中是这样写的：

你说人生是一场戏，我没有异议；可是我不同意，自己总是别人的配角；生活的主人公，永远属于自己。或许，你又要同我争辩，我不言语，轻轻地，写两句诗送给你，主角也罢，配角也罢，谁没有快乐，谁没有哭泣；一个人啊，不要太看高了别人，也不要太贬低了自己。

然而，现实生活中却有许多女人，总喜欢把自己贬得很低，虽然出发点有可能是为了自嘲或表示谦虚，但如果对方每次见面听到的都是你贬低自己的话，就会逐渐觉得和这种人见面真没什么意思；更有甚者，还会令人产生一种想法：这人可能是真的没用。这一点即是心理学所谓的“累积暗示效果”所发生的作用。

哲人说得好，你听到的一切并不完全正确，也不要因他人的议论而鄙视自己，否则就会陷入自卑的“心灵监狱”。

人的“心灵监狱”千奇百怪，五花八门，但有一点是相同的，那就是所有的“心灵监狱”，都是自己给自己营造的。就拿自寻烦恼来说吧，有人老是责备自己的过失，有人总是唠叨自己坎坷的往事和不平的待遇，有人念念不忘生活和疾病带来的苦恼……时间一长，就不知不觉地把自己囚禁在“心狱”里。

美国心理学家弗洛姆在《爱的艺术》中说：她不一定漂亮，但一定有在众人中被你一眼认出的气质。她自给自足，放纵自己尽情地享受生命的乐趣，又清醒地保持灵魂的明净。她会为一瓣花而心醉，像一棵树感受清风，树叶摇曳着一声叹息，在简单中蕴藏着最深的宇宙。她看到了生命背后的黑暗，深知阳光与夜的交替，死亡如影随形，但永不绝望。她本能地拒绝贪婪，她的心像埋藏了千年的莲子，历尽沧海桑田，洞彻世事烟云，依然会鲜活地从沙土里开出花来。笑声和细语如冬日暖阳，化解心中坚硬的壁垒。

当今社会是一个竞争的社会，所以，女人要充满自信，要让自信为自己插上腾飞的翅膀，在天空中展翅翱翔。当然了，这里所说的自信不是自负，也不是刚愎自用，而是女性由于自己有专长或有丰厚的学识，所表现出来的风度，在言谈和举手投足之间溢散出的美好且让人舒服的感觉。

自信的女人总是能坦然地面对社会，面对生活赋予她的一切。甜也好苦也好，悲也好喜也好，痛也好乐也好，都有勇气去承担，即使遇到失败或者残缺的生活，也不会失去努力的方向。

自信让女人更加美丽，它让你拥有一种气质，一种具有震慑力的向心力，不管你的外表是否真的漂亮，只要你拥有自信，你就拥有了人生价值。

自信对于女人来说是一种很重要的品性。如果你想做一个美丽的女人，那么从此刻起，请试着挺起胸，收起下巴，目光直视前方，用最利落敏捷的脚步去追寻生命及未来，只要做到懂得欣赏自己，快乐与满足的喜乐就会涌泉不绝。

克服自卑，多看自己的长处

丑小鸭因为与众不同而被公认为形象“丑陋”，因此在鸡鸭群中“处处挨啄，被排挤，被讪笑”，而丑小鸭自己也因为自身的与众不同而感到非常的自卑。但当三只令它“不禁感到一种说不出的兴奋”的美丽的鸟正向它游来时，它也向它们游去——最后，它终于明白：它和它们是同类，也是一只天鹅，一只美丽的天鹅。

信心使“丑小鸭”变成了人见人爱的“白天鹅”，那么信心能否让女人也变成人见人爱的“白天鹅”呢？

贬低和蔑视自己，都是不对的。女人必须明白，如果想让气场变得稳定而完整，就一定要用最好的东西来修补最脆弱的环节，不管是身体发肤还是心灵内涵。可是在现实生活中，许多女人的双眼却紧盯着自己的短处，总是拿自己的短处与别人的长处比，使自己变得更加自卑。

心理学上的自卑感是指：“认为别人什么都比自己强，并始终以这个观点支配自己的整个生活，而不承认自己的价值。”因此，正确认识自己的价值是十分必要的。一旦我们对自己的优缺点有了正确的认识，我们就可取长补短，使自己更加自信。

比如，口吃的人通过努力，克服了这种语言障碍，结果成了一名雄辩的演说家；独眼的人努力练习射击，最后成了一名优秀的猎手；脚有残疾而行动不便的人努力练习游泳，或者埋头于绘画、雕刻等无须动腿的桌上作业，结果获得了成功；其貌不扬的女子发觉为掩饰自己平凡的姿容而煞费苦心地浓妆艳抹，梳理最新发式，或穿戴时髦服饰等一概毫无成效时，就转而努力提高自己的修养，反复练习富于魅力、充满机智的谈话方式，结果风采照人。

其实，什么样的女人最美丽，这真是仁者见仁、智者见智的问题。因为，有人喜欢骨感有人喜欢丰腴；有人喜欢温柔有人喜欢能干；有人喜欢古典有人喜欢现代派……这就像有人喜欢梅花有人喜欢茉莉，但不管别人是否喜欢，有一点是可以肯定的，那就是：所有的花儿都是美丽的。

所以，为缺点而自卑的女人应认识到自己真正的价值，与其怀疑自己，与其对自己感到绝望，不如安慰自己，喜欢自己，同时善待自己。

那么当女人出现自卑时，该如何克服呢？我们可以从以下几点入手：

1. 赞赏你的进步

不要等到十全十美才赞赏自己，否则你将永远等待。在到达目标的路口时，留意每个值得肯定的步伐。就算进步对于你而言是微不足道的，也要记得恭贺自己。

2. 坦然接受挫折

生活不是阶梯，并非每一步都是上升的。每个人都可能上下颠簸，潮起潮落。你会犯错，当你失败时，也总会收获一种经验，这就是代价。

3. 期待正面的结果

你期待你的行为会与期待符合，但事实并非那么美好。尽管如此，转换一下思维，只要有正面结果就给自己打满分。负面的期待会增加你的错误机会，若以期待成功来替代，你将会一无所失且获得一切。

4. 使用幽默安慰自己

生活中遇见挫折时，幽默感是你最佳的朋友。当你可以嘲笑自己的错误时，你的感知就改变了。你可以想，“这次只不过是运气在跟我玩捉迷藏罢了”。

自卑会扼杀人继续奋进的勇气和创造力。在此情况下，应多想一想过去的成功，多看自己的长处，以振奋精神，克服自卑。

秉持自我，女人因个性而美丽

有一天，乌鸦和猪一起坐飞机。猪听见头等舱的乌鸦对空姐说："小姐，过来，有酒吗？"在空姐有礼貌地拒绝以后，乌鸦大声说："连这个都没有开什么飞机？滚！"

猪觉得乌鸦太酷了，猪也想耍一下酷，于是他也模仿说："小姐，过来，有酒吗？"空姐同样很有礼貌地拒绝。猪也大声说："连这个都没有开什么飞机？滚！"

5分钟后，飞机舱门打开，猪和乌鸦都被从5000米高的飞机上扔了出去。这个时候，乌鸦对猪说："小样，还学我，我有翅膀，你有吗？"

猪模仿乌鸦的后果是被摔了个粉身碎骨，若你一味模仿别人，你就会逐渐失掉自己的特色。作为女人的你，一味追逐流行装扮，你的美丽不过是流水线上的包装袋之一；人云亦云，不能独立思考，你的智慧就如鹦鹉学舌一样肤浅。内涵之美与深刻的智慧都是自觉的产物，并且带有明显的个人特色。

因此，作为女人，只要坚守住自己的个性，在世界这座百花园中，你就是一朵奇葩。世界上所有的东西，都是不可仿制的，是绝无仅有的。身处女性大家族中的你，也是这个世界上独一无二的。在其他人眼中，你就是你，具有自己独特的个性，是人世间任何一个"她"都无法比拟和取代的。个性就是特点，特点就是优势，优势就是你脱颖而出的保证。

所以，作为女人，千万不可妄自菲薄，从心中小视了自己，而应庆幸自己是世上独一无二的，你与他人的不同，就是你的本色所在。她有她的优势，你有你的长处，没有太多的理由拿自己和别人去对照，更没有通过自己有意的对比而给自己心理造成某种压力的必要。有强大气场的女人都善于坚守自己的个性，以便发挥各种先天禀赋。你是什么样的人，就唱什么样的歌；是什么样的人，就画什么风格的画。如此才能在“百花丛”中脱颖而出，迷倒众生。

拿破仑·希尔认为，真正迷人的个性必须具备以下几要素：

（1）养成对别人产生兴趣的习惯，而且你要从他们身上找出美德，对他们加以赞扬。

（2）培养说话能力，使你说的话有分量，有说服力。你可以把这种能力同时应用在日常谈话及公共演讲上。

（3）为自己创造出一种独特的风格，使它适合你的外在条件和你所从事的工作。

（4）建立起一种积极的品格。

（5）学习如何握手，使你能够经由这种寒暄方式，表达出温柔与热忱。

（6）把其他人吸引到你身边，但你首先要使自己“被吸引”到他们身边。

（7）记住：在合理的范围之内，你唯一的限制就是你在自己的头脑中设立的那个限制。

在这七项因素中，第二和第四因素是最重要的。如果你具有这些好的思想、感觉以及行动，便可以建立起一种积极的品格，然后学习以有力及说服性的方式来表达自己，那么，你将展示出迷人的个性。

满怀热情，以获幸福

在社会中，人们普遍存在一种建立和谐人际关系的期望，如果你用热情打动别人，努力和周围的人友好相处，那么你在别人心中的印象一定是极好的。

一名棒球手在一次比赛中因为胳膊骨折而不得不离开赛场，开始艰难困苦的生活。随后他抱着碰碰运气的心态，加入了寿险公司，但是8个月后他想到了退出，因为在这8个月内他没有签到一张单。可就在他翻看招聘广告时，看到了戴尔·卡耐基的成功学讲座，于是他抱着死马当活马医的态度决定去听听。

可是，戴尔·卡耐基随手一指，竟要他当场发言。惶惶无主中，他战战兢兢地站起身来，感觉手无处可放，结结巴巴地吐出一点声音来。

“等一等，先生，请等一等。”卡耐基摇头，毫不客气地打断他说：“拿出点生气来，年轻人！你这样讲话，哪一个爱听？没有热情，能打动谁？”随后卡耐基开始大谈“热情”话题。而那天晚上，他失眠了，嘴里反复念叨着那句“没有热情，能打动谁？”

第二天，当他打出第一个电话时，他是精神饱满、信心十足、没有任何畏惧的。结果对方立刻答应面谈。会谈时，他热情洋溢、妙语连珠，对方当场就签了单。而后对方握着他的手说：“如果我的员工都有你这样的热情，我的生意一定能好10倍。”

用热情代替冷漠，我们的生活就会充满温馨。一个内心充满热情的人，会讨人喜欢，给人很好的印象，让人愿意与之亲近。热情的女人总是以微笑待人，她们身边总有很多朋友，总是能得到许多帮助。

有一位女士从不喜欢安静地待在聚会的角落，因此，每次在聚会的场合，总会见到她忙碌地在人群之中穿梭，抓住素昧平生的人闲话家常，替他们拿吃的、找位置等。由于她主动与别人打招呼，使得别人对她产生了一种亲切感，即使是较为害羞的人也会自然而然地找她聊天。

当一个女人满怀热情地与人交往时，会把更多的注意力投放在交往对象以及双方的情感互动与交流上，使两人之间的情绪同步协调，而热情者往往是主动者、控制者。可以说，一个极富热情的人，她的热量足以制造“高温季节”和“高温环境”，让人注目并使人亲近。

所以，从现在开始，做一个充满热情的人吧！用你的情绪感染人，用你的行动带动大家，热爱生活，热爱事业，热爱家庭，热爱身边的朋友，用热情缔造一个属于自己的温馨世界。相信你在付出热情的同时，也会收获一份快乐与幸福。

过于拘谨难以被人认可

在人际交往中，女人可以谦虚、谨慎，但是绝不能拘谨。作为女人，过分的拘谨，容易使你失去进取的机会，错过上司或老师赏识你的可能性，漏掉施展才华、发挥才能的机会等。人世间处处充满竞争，过分拘谨就有可能在竞争中失利。

我有一同学王菊，上学那会儿可谓是我们班里最活跃的一位了，无论学校开展什么活动，都少不了她一份，以至全学院没有不认识她的人。可是大学毕业上班前，老爸再三告诫她：办公室是一个小江湖，作为一个新人，你不能锋芒太露，否则就会受到大家的排挤，你要学会低调，低调行事，夹起尾巴做人，如此才能避免被排挤的命运。

王菊觉得老爸是过来人，说话必有其道理。于是从此开始夹起尾巴做人，事事以低调为准。渐渐地，王菊内向拘谨已成为办公室所有人的一致看法，而她也从王菊变成了小皱菊。有好几次，王菊本想辩驳，告诉大家自己并非如此胆小拘谨，然而她却发现要改变人们最初的认知很难。

没有人甘于做路边无人问津的小花，或许你曾尝试突破。可是很快你会发现，你是在用一个人的“气场”与多数人的“气场”对抗，虽然你可以取得些许改变，但那也是微不足道的量变。因此，你若是一个在人前感觉拘谨的人，并认为拘谨的确阻碍了你与他人更好的交往，成了你前进的障碍，那么试着改变一点，你会发现一切都开始变得不同。

一般来说，性格拘谨的人都比较内向，她们不善言谈，很在乎别人对自己的看法，在人前很难放得开，缺乏必要的交际技能。拘谨者在他人面前往往腼腆，神态不自然，手足无措，不敢落座，不敢抬头，不敢大声说话或说话含糊不清，有时甚至所答非所问。心理上总是怯于与人交往，因此总是缺少合得来的伙伴和知音，经常孤身一人，被遗忘在不为人注意的角落，甚至会让人觉得拒人于千里之外。这就是拘谨的表现。所以，她们很少主动出席一些社交场合，能避免的尽量避免，实在没办法推托的话，她们也会勉强出席，不过在活动现场，她们会觉得自己与别人格格不入，在众多的陌生人面前不知道如何得体地表现自己，很怕自己稍不留神就被别人耻笑。有时即使有与人交往的欲望，也会努力克制自己，尽量不给别人取笑自己的机会。这种人往往有着强烈的自尊心。维护自尊心，这种意识每个人都有，但是不要超过它的正常限度，一旦过于强烈，就会给自己的交往造成障碍。

刘洁是一个很出色的女孩，博士生毕业，弹得一手好琴，可是却不愿与人交往。同事李娜过生日，强烈要求她参加，推托不过，刘洁只好答应。买好礼物，刘洁向李娜家赶去。刚出电梯，就听到里面传出的阵阵欢声笑语。看来气氛很热闹。刘洁觉得这样的热闹气氛不太适合自己，不想进去，可是已经答应好了李娜，若是临时撤退肯定会影响同事关系。硬着头皮，刘洁敲开了门，李娜热情地把她拉进去，把她介绍给大家，大家停止了热烈的交谈，目光一起投向刘洁，刘洁顿时感觉特别的不自在，手脚都不知怎么放才好，生怕自己在众人面前丢脸。

李娜却笑着说："刘洁哪里都好，就是在人前放不开。"大家也感觉到了刘洁的不自在。整个聚会，刘洁很少说话，吃东西也是小心翼翼，看她这样，大家也不敢怎么和她交谈，生怕哪句话说得不适，伤害到她。

就这样，直到聚会结束，刘洁也没说过几句话，而聚会的气氛也因刘洁而有些冷淡。

如果刘洁能放开一点，说不定通过这次聚会能会结交到不少朋友。可见，过于拘谨是人际交往的大忌。女人一定要摆脱拘谨，放开胆量与人交往。

女人一定要鼓起勇气，自我鼓励。只要多给自己壮胆，多给自己鼓劲，随时注意调整好自己的情绪，拘谨就会被克服。当然壮胆不是凭着傻大胆，鼓劲也不是乱鼓一气，而是要在拓展胸襟、开阔视野的基础上，有力地去做。

驾驭情绪，掌控你的气场

下面这些情况你遇到过吗？

一位妈妈说："我的孩子不听话，叫我很生气！"

一位职员说："我的上司不赏识我，所以我情绪低落。"

一位女士说："我活得很不快乐，因为我的老公总不同意我的观点。"

一位顾客从商店走出来说："那位老板服务态度恶劣，把我气坏了！"

一位乘客说："我的心情糟糕透了，因为今天塞车整整塞了一个多小时，害得我上班迟到工资被扣。"

这些情景天天都在我们眼前上演，而这些人都做了相同的决定，就是让别人的态度来控制自己的心情，却不想着去改变他们的态度。

其实，当我们容许别人的态度掌控我们时，我们便觉得自己是受害者，对现况无能为力，抱怨与愤怒成为我们唯一的选择。但反过来，如果我们依靠自己的力量去改变他们的态度，相应地就会使我们快乐。

因此，女人应控制好自己的情绪，做情绪的主人。无论生活多么糟糕，都要保持积极的心态。人生中有晴天丽日，也有阴雨霏霏，有了积极心态就可以超越恐惧、自卑、胆怯、气馁；有了积极心态就不怕失败；有了积极心态就有了健康的精神与信念，就有了永远保持气场的资本。

当然，每个人都有情绪低落或情绪激动、难以自抑的情况，那么，应如何控制自己的不良情绪呢?

1. 分散注意力

坏情绪一旦释放出来，后果就很难控制。因此，在释放前应将它控制住。采取某些方法能有效地克制自己的情绪。例如，俄国著名作家屠格涅夫与人吵嘴时，就把舌尖放在嘴里转10圈，以使自己平静下来。类似方法很多，目的无非是分散注意力，免得受不良情绪控制。

2. 转移注意力

不良情绪有时是不易控制的，这时，你可以试试迂回的办法，把自己的情感和精力转移到其他事物中去，使自己没时间去想那些不愉快的事情，从而将情绪转化。你可以去看看电影、打打球，或者随便走走，游山玩水。改变环境，离开使你心情不快的地方，能改善你的自我感觉，使你得到松弛，有利于消除不良的情绪。

3. 自我发泄

消除不良情绪，最简单的办法莫过于使之“宣泄”出来。千万不要把不良情绪深藏心底，“隐藏的忧伤如熄火之炉，能使心烧成灰烬”。当委屈至极的时候，就放声大哭一场吧，这会使你感到轻松舒服些。心中有了烦恼，你可以向至亲好友倾诉，求得安慰，这样心里也会好过点。

4. 使用幽默调节情绪

幽默和欢笑是调节情绪的方法之一，在恶劣的情绪下笑一笑，你会一下子感觉到心情好多了。美国纽约大学教授塞尔发现，笑可以驱散心中的积郁。当你烦恼时，你可以想些有趣而引人发笑的事情，讲讲幽默的笑话，读读幽默小说，看看连环漫画，这样可以帮助你排除愁闷。

5. 广交朋友

古罗马著名思想家西赛罗认为：“天下最愉快的事莫过于交互相亲爱、互相扶助的朋友。”女人应该生活得积极些，广交朋友，特别是与心胸宽阔、性格开朗的人交朋友，这样能给你带来意想不到的快乐。

6. 热爱工作

人最大的无聊不是沉重的工作，而是闲着没事干。社会学家约得森·特斯的统计和研究表明，大部分人在身闲无聊的时候不是感到快乐而是感到烦恼和不快；而忙碌的人，则往往是最快活的人。一些在事业上有卓越成就的人在回忆一生的经历时，常常觉得最快活的时光是在艰苦工作的时候。

从现在开始，选择积极的心态；从现在开始，去爱你的工作，去爱你身边的一切。你的岁月会奏起激扬的乐章，世界也将因你而精彩！

女人要学会管理自己的情绪

人的情感具有相通性和感染性，一个人的情绪状态很容易影响到周围人。比如，某公司董事长为了见一客户而在公路上超速驾驶，结果被警察开了罚单，最后还是误了时间。这位董事长愤怒之余，回到办公室时，为了转移别人的注意力，便将销售经理叫到办公室训斥一番。销售经理挨训之后，气急败坏地走出董事长办公室，将秘书叫到自己的办公室并对她挑剔一番。秘书无缘无故被人挑剔，自然是一肚子气，她就故意找接线员的茬。接线员垂头丧气地回到家，对着自己的儿子大发雷霆。儿子莫名其妙地被训斥后，也很恼火，便狠狠地踢了猫一脚……

可以说，生活中的许多外在因素总会影响到女人的情绪，若不能及时地调整和管理这些消极因素带给自己的负面情绪，就会产生如上文中的恶性循环，不仅于事无补，反而易激发更多的矛盾。

因此，当遇到不如意的事情时，女人要学会积极调整和管理自己的情绪，不要让自己的不良情绪影响到身边的人。那么，具体该如何做呢?

1. 体察自己的情绪

女人应该学着体察自己的情绪，时时问自己："我现在的情绪是什么？"例如：当你因为朋友约会迟到而对他冷言冷语时，你要问问自己"我为什么这么做"、"我现在有什么感觉"，这样，你就可以对自己的情绪做更好的处理。

2. 适当表达自己的情绪

表达自己的情绪是一门艺术，需要用心体会、揣摩。例如，当与你相约的朋友迟到时，你可以责问对方“约会迟到，你怎么不考虑我的感受”，也可以试着把“你迟到了，我很担心”的感觉传达给他。结果便是前者可能会引起对方的负面情绪，一次愉快的约会也会因此而成为泡影；后者则会让对方感受到你对他的关心，你们的约会不仅不会因为迟到这个小插曲而受到影响，友谊还会更加深厚。

3. 学会自我表露

自我表露是社会心理学的概念之一，意思是让人用语言把自己的情绪表达出来，使生理反应与大脑思维之间达成共识，从而使情绪平静下来，高效率地做事。

女人在自我表露时应注意以下三点：

(1) 表达要清晰。最开始，女人会发现与“愤怒”相比，像“不安”一类的词更易说出口，在表达时，女人往往降低了自己感受的程度。这是因为女人担心自己的表达会让别人失望或者感到内疚，所以她们很难更明确、更有效地表达自己的情绪，这样反而会引起不必要的误会。因此，女人清晰地表达自己的情绪是很重要的。

(2) 表达要诚实。当女人怒火中烧时，却说自己只是“有点不安”，或者感觉愤怒的时候只是说受了点伤害，这样做是毫无用处的。女人说一些别人想要听或者自己觉得会避免别人生气的言语，同样没有意义。如实地表达出自己当时切实的情绪体验，这对女人是很有帮助的。

(3) 表达要坦白。自我表露的目的只是说出女人所感知到的东西带给自己的感受。不带责备意味地表达自己的情绪，能让对方更清楚地听到你所说的话，彼此交流的可能性由此可以大大增加。

4. 善用改变。女人要学会改变事情的定义，一件事发生的时候往往有两面，就看你是选择机会还是选择问题。要学会改变眼前的画面，多记录一些愉快的画面，对不愉快的画面立刻进行调整；要学会改变自己对自己的评价，不要被别人的言语左右，也不能非要和别人顶着干，而是应该正确评价自己的优缺点；要学会改变自己的学习榜样，以人为鉴的前提是你要明确自己是怎样的人，自己的生活目标是什么，如果榜样和自己的实际情况相去甚远，那么就要调整。

5. 以适当的方式疏解情绪

疏解情绪的方法很多，有的女人会痛哭一场，有的女人会找好友诉苦一番，有的女人会逛街、听音乐、散步。女人要知道，疏解情绪的目的在于给自己一个理清想法的机会，让自己好过一点，也让自己更有能量去面对未来。

女人有了不舒服的感觉，要勇敢地面对，仔细想想："我为什么这么难过、生气"，"我应该怎么做，将来才不会再重蹈覆辙"，"怎么做可以降低我的不愉快"，"这么做会不会带来更大的伤害"。从这几个角度出发选择适合自己且能有效疏解情绪的方式，女人就能够控制自己的情绪。

总之，女人应该学会管理自己的情绪，让自己的气场更有吸引力，从而成为别人愿意靠近、愿意结交的人。

第三章 形象凝聚吸引力，靠包装展现气场

有很多不拘小节的人认为外表是无关紧要的细节，这种观点往往使他们在交往中受挫且不自知。事实上，气场跟外表关系很大，在一个新的环境中，那些长相出众，穿着有品位的人总是能一下子成为焦点。而这又令他们更加自信，气场更加强大。因此，着装造型对女性气场的加强特别重要，尤其是在一些特殊场合，假如只是穿上中规中矩的小黑裙，恐怕只会淹没在美女群中。如果想气场爆发，就需要把自己从头至尾地收拾一番，塑造出良好的形象，才能给人好感，让人愿意接近，从而给他人留下难忘的印象。

良好形象可以迅速提升你的气场

你是否注意到，当你与某个人见面的时候，仅在几秒钟内，甚至没有说一句话，你在心里就会对自己说："我不喜欢与这样的人接触"。而有的时候，当你与某个人见面时，也是在几秒钟内，你就感觉这是个不错的人，因为你自己在内心深处说："我喜欢与这样的人接触"。我们是如何判断对陌生人的喜恶的呢？其实就是通过一个人的气场，而这最先往往是通过形象展现出来的。

色彩心理学家路易斯·切斯金曾经做过这样一个实验：为了检验新洗衣粉的包装设计对产品销量的影响，他找到了一些家庭主妇，给了她们三袋不同颜色包装的洗衣粉，让她们连续使用数星期，然后告诉他哪种洗衣粉的洗涤效果最佳。其实这三个袋子里装的是同一种洗衣粉。

几周后，接受测验的家庭主妇们把自己的答案告诉了心理学家。经过统计分析，路易斯·切斯金发现：家庭主妇们认为三个袋子里的洗衣粉有着完全不同的清洁效果。很多主妇都表示黄色袋子中的洗衣粉洗涤强度太大了，会损坏衣物。

为什么同一种洗衣粉放在三种不同的包装中，给人的感觉就不一样呢？路易斯·切斯金解释说：由于产品的包装不同，往往会影响消费者对其品质和功能的判断，他将这种现象称为"人的非合理性倾向"。这种现象不仅出现在消费领域，同样也适用于人际印象的判断中。鉴于此，我们平时一定要做好自己的形象包装，并时不时地给自己做做广告。

一个人的价值最终应当由他的能力和实力来决定，但从某种意义上说，形象具有“先入为主”的作用。因为一个人形象的好坏，等于给这个人贴上了标签，再次与之相遇或交往时，就会对其有一定的倾向性。如果某人的形象给我们留下了较好的印象，即使他有某些缺点，我们也往往会寻找借口来为其掩饰，替他辩解。相反，若某人的形象给我们留下了不好的印象，即使他能力再强，我们也会从心底里产生排斥。

曾担任美国三位总统礼仪顾问的威廉·索尔比说：“当你学会怎样包装自己时，它就会给你带来优势。它是一种技能，是你能够学会的技能。”其中懂得接受自己本来的相貌、身高，正视自己的优缺点，是塑造自己良好外在形象的第一步。只有了解自己的外在特质，才能适当地对其进行修饰，扬长避短。之后要做的，是根据不同环境场合的要求，根据自己的年龄、身份，进行恰当的装扮。完全朴素示人不失为一种风格，但在现代社会，外在装扮与职业属性的联系十分密切。为了更好地开展工作，融入社交，进入社会，选择适合自己的着装，并进行恰当的化妆是非常必要的。

1. 了解自己的优势与特色，给人感觉舒服的外在美

我们需要认识自己，了解自己，善用自己的优势与特色，根据自己的体貌特征来穿着打扮。让其他人（不管男性或女性）看到你的第一眼，就留下整齐又怡人的印象，接下来的任何接触，或更深入的接触，都远远比你在有点邋遢、不修边幅的外表的情况下，来得更容易，甚至还会有你意想不到的结果。

2. 完美着装还要讲究精致，注意细节的配饰

大家可以观察看看，那些成功的新时代女性，她们一点也不邋遢，而且还很有型。你会在她们的发色和发型上看到与众不同的光泽与角度；可以在她们的脖子、手指、手腕上，看见经过设计的配件；

不管是摇滚、朋克还是重金属的装扮，她们都非常有特色，在某一程度上也很吸引人，有着一种叛逆且黑色的美。

因此，想让自己打扮出独特的风格，细节装饰就显得非常重要。我们可以找出适合自己的色彩和款式风格，然后当个自信、坦率的女人，如此才能真正受到大家的欢迎。

值得提醒的是，美丽的外表有助于建立良好的第一印象，但维系长久的人际关系则依赖于稳定、宽容、友善等积极的人格特质，外貌的作用随着时间的推移会逐渐减弱。一个真正受欢迎的人，往往具有良好的性格，每当人们想起她的形象，就会想起她悦耳的声音、友善的表情、得体的衣着、大方的谈吐等。

所以，真正有气场的女人应懂得展现自己的外在美，同时也懂得提升自己的内在美。

品位影响气场

品位对一个人是至关重要的，对女人更是如此。真正的品位会使终日蒙尘的生活闪闪发亮。执著于品位的女人，追寻品位生活的女人，绝对是一个优雅别致的女人。

女人的品位是气质内涵的外在表现。一个有品位的女人是与其环境、经历、修养、知识分不开的。只有有意识地培养良好的修养，积累丰富的知识，才能够充实内心的世界，才能够表现出自己高尚的思想和高雅的情趣。有品位的女人内心世界丰富多彩，她兴趣广泛，人文素质修养深厚，学识渊博。有品位的女人谈起话来，旁征博引，才华横溢。有品位的女人就像一部百科全书，有着探索不尽的无穷宝藏，却无丝毫酸腐的陋习俗气，她在举手投足之间挥洒出艺术的才华和淑女的风范。

有品位的女人会用自己的眼睛发现身边的美，并用心去感受它。其实品位的培养并不复杂，每一个注重细节的女人，都有机会成为品位女人。一瓶花、一杯茶、一首歌……都可以在无形中体现一个女人的品位。

有品位的女人是善良、机智的，又是成熟、稳重的；她待人真诚而不虚伪，心性热情而不浮躁。在喧嚣的人群中，她可能只是一个沉默者，但绝不是个麻木者。她时时都有适合风情的浓度。当她成为恋人时，她多情妩媚；当她成为妻子时，她温柔细腻；当她成为母亲时，她宽宏博大；当她容颜渐老时，却依然风韵犹存。

有品位的女人不在乎人生的功利，她为自己营造一份平和的心境，随遇而安，不强求身外之物，不愤世嫉俗，面对物质的贫乏、世俗的刺激，待之安然。她在人生崎岖的旅途中，学会自我安慰，自我松绑，自我释放，自我陶冶。她时而徐然缓行，时而静立池边，时而低头漫想，时而凝神远望，让内心回归自我，让心灵更趋完美。

有品位的女人有独立的思想和人格，绝不会人云亦云、随波逐流。她恰如绵绵流畅的散文诗，不低俗，不媚雅，只求独自芳香的格调。她痛恨粗俗，而把气质奉为精神风骨。

女人的品位是真挚的博爱和慈善的宽容。女人的品位是浓郁的书香和美的诗韵。一个女人有了高尚的人格，她的品位必然高雅清新，焕发青春活力，生活必定多姿多彩，充满阳光……

人们常说，做人要有气质，做事要有风格。作为一个女人，也要有自己的风格。纯真的气质洋溢着女性深邃的内涵，高雅的风采闪烁着赏心悦目的亮光，这就是女人的品位。它会让女人在人群中成为一道独特的风景线，吸引无数人驻足。

“妆”出你的动人娇颜

任何一位女性，只要坐到梳妆台前，就可以成为一位“艺术家”——完善自己面部形象的艺术家。正如古希腊哲学家亚里士多德所说：“艺术就是用来弥补自然之不足。”然而，这种艺术又与真正的艺术家们进行创作不尽相同。因为人的脸庞生来就已经有了一个雏形，“艺术家”们只能在这个雏形的基础上进行加工，精雕细琢，最后描上几笔，起到画龙点睛的作用。如果我们仔细端详一位公认非常漂亮的女性，就会发现她并不是完美无缺的，只不过是通过化妆突出了自己的优点，掩饰了某些不足而已。

对于女人来说，每天早上化了妆再出门，不仅是对自己的尊重，也是对别人的尊重，还有助于提升自己的自信心。

正所谓“三分长相，七分打扮”。相貌虽是天生的，但美丽却可以通过后天打扮出来。化妆就像一种优美的艺术，掌握了它就能让人变得更美。

你必须明白，化妆的目的是提升你的自然美，是最大限度地让你的容貌变得更漂亮，同时淡化那些不足之处。化妆应该轻描淡写地完成，把你的美丽展现出来。

工作后第一份工资刚入账，王梅梅就直奔某商场化妆品柜台，那里面各种包装精美的高档化妆品在学生时代就是王梅梅的梦想，她觉得那些价格昂贵的化妆品擦在脸上一定会让自己变得更加美丽动人。

一瓶粉底液，一支睫毛膏，一支口红……工资基本上被花得所剩无几，可是等到王梅梅在镜子前倒腾了半天，却发觉镜子里的自己并没有让人眼前一亮的感觉，只不过是比以前稍微变白了一点点而已。

怎么会这样呢，她完全是按照以前从网页上所搜集的化妆步骤一步步来的啊！为什么别人化完妆后会给人眼前一亮的感觉，自己却是原来的样子。后来，经一同事提醒，王梅梅才找到了自己化妆失败的原因。

“化妆并不在于流行什么，而在于你适合什么，你要根据自己的脸部特征找到适合自己的妆容。”经这一提醒，王梅梅专门找了一位私人化妆师学习化妆。经过一番系统的学习之后，她才知道如果眉毛的起始点和高度、角度找不准，即便是唇线描得再好，眼影画得再精致，都不会给人舒服的感觉。

化妆最难的不是技巧，而是审美眼光。就算你能任意描画出各式各样非常精美的眉毛，能匀抹出具有专业技巧的眼影，但如果你的审美有问题，整体妆容就会显得粗俗，既不美，也谈不上有品位。

当然了，每个人都有自己的审美观，但总的来说，化妆应该使一个人表现出她最美的一面。打造完美的面部妆容，其奥妙就在于：它不是把人的形象掩盖起来，不是给自己塑造一副假面具，而是要力求做到看上去自然的同时，更能表现出自我的优点。只有这样的化妆，才能真实地反映自己、表现自己，并体现自己独特的风格。打造你的魅力眼神。

美丽的女人，必定有双美丽动人的眼睛。眼睛是一个人“气场”的表现重点。双眼如果没有神采，黑眼圈难以掩饰，气场一定会直线减弱。让你的双眼顾盼有神，是让气场变强的有效方式。人们可以通过双眼看到你是自信还是自卑，是骄傲自大还是谦虚谨慎，是真诚还是虚伪。

露西长相一般，可无论是在男人圈里，还是女人圈里，她始终是最受欢迎的，而且大家都乐意与她交往。如果你问别人为什么愿意跟露西接近，他们共同的答案是："她的眼睛像是有魔力一般，总有一种让人想靠近的感觉，让人不自觉地想要跟她再深聊下去，而且她笑起来实在很迷人。"没错，她的确有这种魅力，她的眼睛之所以会那么迷人，和她善于用眼神表达感情与感受有着重大的关系，再加上她常常都笑眯眯的，这种带着善意的眼神，想不受人关注都难。

眼睛美的关键就在于有神，要明眸如水才能传神。当然，美丽的双眼不是天生就生就的，还得靠后天的保养，使其由内而外全面美丽。

可是女人 25 岁后，大多有这样的体会，第一道皱纹是从眼部生出的，也就是说，女人衰老最先开始于眼部。眼部皮肤比脸部和其他部位的皮肤要薄，眼睛每天大约要眨动 12000 ~ 15000 次，眼肌的过度运动易使眼部皮肤最早衰老。加之现代人用眼时间过长，成年人平均每天用眼时间为 12 ~ 18 小时，更加快了眼部的早衰。

眼部问题表现最多的是皱纹、黑眼圈和眼部浮肿。要想减少这方面的困扰，女人千万不能熬夜，睡眠不足肯定会带来黑眼圈。而为避免眼袋，睡前应少喝水为妙，喝水太多容易造成大泡眼儿。

当然了，再美的眼睛，若没有卷翘、浓密的睫毛衬托，总会让人遗憾，感觉缺了点什么。好莱坞巨星"冷美人"葛丽泰·嘉宝之所以被人们久久怀念，很大程度上就在于她那长长的睫毛，使眼睛看似冷酷却又充满了神秘的魅惑。那样的睫毛自然是可望而不可即的，好在现在有各种功效的睫毛膏。选对了合适的睫毛膏，会产生画龙点睛的功效。

此外，女人还应懂得运用眼神与人交谈。至于如何打造魅力眼神，以下小技巧值得借鉴：

1. 要有一双“干净”的眼睛

一定要把自己的眼部整理干净，千万不要在与对方对视时，突然被对方发现一坨眼屎，那样只会让人忍不住想递面巾纸给你。

2. 让自己的眼睛看起来更有精神一点

想让自己的眼睛看起来精神一点，可以运用彩妆的技巧，挑选适合自己的眼影，描上细致的深色眼线。如果你能适应下眼线的话，再顺着内眼睑绘出 2/3 的深邃眼线，下眼睑眼角轻轻打上珠光白的眼影，就会让眼睛看起来水汪汪的。最后刷上浓密又卷翘的睫毛膏，不但看起来更有精神，眼部魅力也能大大提升。

3. 微笑的眼神

单单具备高超的眼妆技巧是不够的，还需要有让人想亲近的眼神。一开始可以先在家里对着镜子，训练自己眼神的专注力，然后，你可以利用笑容带动脸部的肌肉，试着让眼睛也跟着一起微笑。自然的笑容，会让人看起来更有亲和力，而你的眼睛也会散发出令人舒服且愉快的气息。自然，别人也就愿意与你亲近。

养护你的完美肌肤

有人说："世界上最美丽的服饰也比不上美丽的肌肤。"这句话用在女人身上是再好不过了。因为肌肤是女人最天然最动人的衣服，它几乎囊括了所有女性的形体之美。

平滑、细腻、光洁、富有弹性的肌肤在视觉上传递了美好、温良、愉悦的感觉，而粗糙、灰暗、有色斑以及凹凸不平的肌肤多给人以负面的印象，甚至引发距离和排斥感。因此，女性肌肤护养已不仅是挽留青春、保持光鲜美丽的问题，而且关乎自我修养和生活品质。

护养肌肤是一个循序渐进、长期坚持的过程，那些一星期祛斑，一个月换肌，七天变白的说法和做法都是不科学的，甚至是非常有害的。真正的皮肤护养应分为护理和保养两个方面，而且护理重在外，保养重在内。护理应抓住防晒、清洁、化妆品使用三个主要环节；保养应重视内调、运动、心理三个要素。把握三大环节和三个要素，并掌握正确的护理和保养方法，是皮肤护养的要义。

当我们把皮肤护养归结为三个环节和三个要素后，你会发现复杂而困惑的皮肤护养问题变得简洁和清晰起来。当然，要做好这些环节和要素还有方法问题，护养方法多多，要抓住其中最基础核心的要点，并从基础事项坚持做下去。

首先，防晒很重要，因为所有的专家一致认为，阳光中的紫外线是女人皮肤衰老的第一大天敌。紫外线除了引起皮肤皱纹外，还会使皮肤变硬、晒黑，出现雀斑。防止紫外线对皮肤的伤害的最基本原则就是不要让肌肤直接暴露在阳光下，并使用适合肤质、适合场地的防晒产品，采取适当的防晒措施以有效地阻挡紫外线的伤害。

其次，重视皮肤清洁这个重要环节。洁肤有三个方面的含义：

（1）要清除掉附着在皮肤上的污垢、尘埃、细菌等，使皮肤处于尽可能无污染和无侵害的状态中，为皮肤提供良好的生理条件。

（2）要清除掉人体分泌的油污、汗液和老化的角质细胞。这对皮肤是个很好的调整和放松过程，可以有效地激发皮肤活力，使毛孔充分通透，充分发挥皮肤正常的吸收、呼吸、排泄功能，保持皮肤良好的新陈代谢状态。

（3）要彻底清除掉皮肤上的化妆品残留物。再好的化妆品，如果清洁得不彻底，长年累月对皮肤的侵袭和损伤也是非常严重的，特别是化妆品中的碱性等不良成分残留在皮肤上是非常危险的。

再次，护理皮肤要重视化妆。选择和使用化妆品是护理皮肤三个环节中最复杂的一个环节，选好化妆品，真正找到适合自己的化妆品是这个环节的核心要点。

当然，女人要想有完美的肌肤，光靠护理只是治标不治本，只有护理加保养，才能达到里外合一的效果。

首先，内调是皮肤保养的不可或缺的要素。内调说的是饮食与美容的关系。皮肤的营养归根结底是通过饮食不断地转换供给皮肤，那么多食品和食用方法，分辨出哪些是最重要和必不可少的是这个要素的核心要点。

其次，运动对保养皮肤至关重要。运动对保养皮肤至关重要，运动的核心要点是勤奋和持之以恒。

再次，女性的心理状态长期地作用于容貌，这一点是大家的共识。若你真能宽容待人、富于爱心、富有感恩心、不与他人恶性争斗、不做损人利己的事情，那么你必将拥有明丽的心境。这一要素的核心要点是切实修养美好平和的心境。

总之，每个女人都应该明白天生丽质的美是有的，但真正永恒的美却离不开后天对美的发现和呵护。每个女人的肌肤就好比那些出生不久的婴儿。只要我们尽心尽力地呵护它，它就会娇嫩无比，但如果你对其不闻不问，它就会将我们身体的瑕疵暴露无遗。

着装彰显女人的美丽主张

衣服除了防寒阻热这一基本功能外，最重要的功能就是修饰外貌，展现美感。一个不修边幅的女人总会给人以邋遢的印象，一个着装整洁清爽的女人总是给人以精神饱满的印象。所以说，衣着打扮与女人的形象和气质联系在一起，直接影响女人的气场。

当然，穿衣服不能喜欢什么就穿什么，而应根据场合和身份有所调换。

李丽向她的朋友抱怨道："客户总是不太接受我的建议。"朋友打量了她一下，发现她穿着一件粉红色可爱的小T恤，像个小女孩一样，就问："你平时去见客户时不会也穿成这样吧？"

李丽感到很奇怪，说："差不多吧，不过这有什么关系吗？"

"当然有关系了，在不了解的情况下，客户对一个穿着像小孩般的女性所提出的建议其依赖程度会减少很多，即使你提出的方案再科学、有效，那样的装扮，在商讨严肃的工作时，也很难给人以信任感。所以，你应该试着穿一些比较知性的衣服。"

听从了朋友建议的李丽开始转换行头，而客户对她所提的建议也往往给予肯定了。

由此可见，女人一定要表现出自己特有的性格，在适当的场合适当地表现自己，展现女人的自我本色。这样的女人才会赢得他人的依赖和关注。

另外，也是许多女性都会犯的毛病，就是宁愿花1000元钱买10件衣服也不愿买一件能展现气场的衣服回家。为此，我们有必要检测一下你的购物质量，看看下列习惯你有几项呢?

（1）翻翻家里的衣柜和抽屉，可以找出很多只穿戴过一次，就再也没有碰过的东西。

（2）连自己看了都会眉头深锁，心想不如扔掉的垃圾衣物。

（3）常常因为促销便宜而购买，事后连自己都不明白怎么会乱买。

（4）遇到重要场合时，总是找不到像样点“可以穿”或“可以背”的东西。

（5）因为看到别人穿很好看就购买，但是并不适合自己的风格。

如果上述的习惯你都有的话，那么，你要注意你的日常形象是否处于一种平凡、缺乏特色的状态。所以，建议大家宁可花费高价，找到适合自己而且有质感的衣物，也不建议大家用很低的单价，去大量获取可以不停被更换，或只是为了满足新鲜感的衣物，因为这些看似微不足道的消费，都是浪费，而不是投资。想要气场强大，你的衣柜里可以只有几件能拿得出场面的精品，但却不能是满满一柜子撑不了场面的衣物。

秀发缔造韵味女人

头发就如同女人的第二张脸，拥有一头飘逸的秀发，可以增添自信与魅力。秀发所表现出的温柔、妩媚的女性美，是其他内在与外在特征都无法超越的。

头发是女人的装饰品。亮泽纤柔的秀发是健康的象征，是美丽的点缀。在短时间内，它可以改变颜色、卷曲、拉直或任意盘束，是女性改变自身精神面貌最直接的方式，也是塑造自身新形象的一个最有效的捷径。然而，不当的护理，加上环境污染、起居无序等，会使头发变成生活中的烦恼，更会让我们的形象大打折扣。此时，一般的洗护就起不了作用了，如果你懂得正确的护理方法，就可以把专业洗护的感觉带回家了。

1. 购买美发用品

除了去商场或超市购买洗、护发产品外，我们也可去专业发廊，选购适合自己发质的洗护产品。长发、短发、烫发、染发，都可以找到最好、最具个性的修护。

2. 防止头发干枯折断

使用专业洗发水、护发素可以保护秀发，滋润、顺滑发丝纤维，使秀发如丝柔顺亮泽，易于排除缠结头发，能为发丝受损部分带来深层修护，强化发质，且无丝毫沉重感，也为烫后、染后或有问题的敏感头发带来生机。

3. 为染过的头发护色

头发颜色最怕阳光和氧化两大杀手，日晒过久会导致头发的染色褪掉，因此，拥有各色漂亮染发的女人如果在夏季旅行的话，最好在出门前使用具有防晒效果的护发精华，以免紫外线加速头发褪色变浅。修护时，选用含有维生素的染发专用洗发水、润发乳也是十分必要的。

饰品对于女人是心爱之物，也是其身上的艺术品。在女人眼里，饰品犹如鲜花、爱情一样浪漫，是一种永恒的美丽。饰品用在人体不同的部位，有特定的装饰作用和对整体美的强调与协调作用，能衬托出女人的典雅气质。但在佩戴时应注意以下几点：

首先，饰品重在整体效果。虽说在女人一身的穿戴中，首饰是独一无二的，可以让你更优雅，但应避免喧宾夺主和堆砌。佩戴首饰是为了体现你的精神气质，为你的外貌增添光彩，传递出言行举止难以涉及的特点，充分诠释你完整的精神特质，而不是把众人的目光吸引到饰品上。

其次，佩戴首饰一定要与你的身份、气质及场合、服装协调。饰品可以为服装搭配出不同的效果，但一定要注意搭配。比如，穿职业装时最宜佩戴珍珠或做工精良的黄金白金首饰，穿晚装时可戴宝石或钻石首饰，穿休闲装时戴个性化或民族风格的首饰。颈饰最配的服装是V字领的或是比较大的圆领，其次是合身的高领。

再次，饰品可以不华贵，但一定要别致、新颖、富有内涵。华贵仅仅是饰品的一种表现力，多用珠宝、金银制作，虽然能显示奢华，然而往往并不是人们需要的东西，而且每个人都应该有自己最适合或是需求的风格。所以，你的饰品要有足够的创造力和表现力，它可以很便宜，但一定要能为你的魅力加分。

最后，不要把饰品佩戴在自己的短处。佩戴饰品要注意点、线、面与形体的关系，饰品点缀在人体的重要部位，是为了让自己显得更端庄美丽，优雅大方。所以，饰品一定要与自己的脸型及体型相配。比如，耳部轮廓不太好看的，不要戴过于夸张的耳坠；手指欠修长丰润的，不要戴大宝石或珍珠镶的戒指，以免夸大了自己的缺点。

脖子较长和皮肤较好的女性，适合用宽宽的颈圈进行修饰，甚至可以用好几条缠绕在一起，营造丰富而具层次的美感；脖子较短的人，如果脸形不是特别圆则可以陪衬细细的项圈，也会很漂亮。

需要提醒的是，许多女性朋友舍得花钱买衣服，却不舍得花钱买饰品，其实，佩戴合适的饰品会增加服饰的品位，也会使你对自己的容貌更加充满自信。

礼仪让女人更有气场

在现代社会，礼仪修养几乎成为一个人和一个社会文明程度的标志。优雅的行为举止，得体的仪态和言语，真挚的情感和规范的礼仪，成为构建人与人之间沟通的桥梁，其力量和价值都是无可比拟的。

礼仪是一个人的思想道德水平、文化修养、交际能力的外在表现，在现代的社会生活、工作交往中发挥着越来越重要的作用。

完美的礼仪能够造就出一个拥有无穷亲和力的女人，熟知礼仪的女人绝对是社交场合中一道最美丽的风景。

当然，没有人与生俱来就是完美的，人皆是通过不断的学习来自我完善并最终获得优雅的举止。因此，在日常生活和工作中，女人应加强个人礼仪修养，塑造自己的魅力新形象，从而使自己更受欢迎。那么如何有效地学习礼仪呢?

1. 理论与实际相结合

礼仪本身是门应用学科，因此，学习礼仪必须坚持知行统一。由于礼仪涉及的内容十分广泛而复杂，仅仅了解是不够的，关键要去实践，而且需要反反复复地去实践。也许这一次在某一个场合自己做得不好，那么就应该加以总结并在下一次遇到同样情况的时候做得好些。再经过多次实践，就会成为一种自然而然的习惯。一个人只有在与别人的交往实践中，通过比较和总结，才能认识到哪些行为是符合礼仪规范要求的，哪些是不符合礼仪规范要求的。总之，学会礼仪必须依赖实践，学会礼仪必须应用于实践。

2. 内外兼修

内外兼修是学习礼仪过程中一个不可忽视的问题。要真正成为一个在社交活动中的成功人士，偏重或忽视哪一个方面都是不正确的。强调内在修养，却缺乏得体的外在形象和言谈举止，甚至衣冠不整、小动作不断，怎么会让人喜欢？而金玉其外，把自己打扮得整洁时尚，却没有较高的修养和内涵也不会让别人有好感。所以，我们提倡的是“内外兼修”，两个方面相辅相成。

3. 灵活应用、随机应变

礼仪要求做到“恰如其分”，包括在礼仪应用上灵活应变，避免生搬硬套。礼仪的规则是成文成框的，而社会生活本身是灵活多变的。我们从书本上学到的礼仪知识具有一定的概括性和理论性，而在真正的交往中，你会发觉由于人与人之间的不同，场合与场合之间的差别，需要我们做出一些适当的、非常规的变动。实践是检验真理的唯一标准，运用好才是目的。所以，礼仪知识需要我们学以致用。

此外，应入乡随俗，到不同的地方尊重当地的风俗礼仪。对待不同身份的交往对象，都应该有相应的尺度。对于亲密程度不同的人更是如此。随着具体场合的变化，礼仪的要求也会有不同，甚至有时候面对一些突发事件，或是没有遇到过的场合都应该做出灵活的应变反应。但是，我们需要明确的一点就是不管礼仪在具体场合的变化如何复杂，其内在本质在任何情况下都是一致的，就是“尊重他人，为他人着想”。

穿得对比穿得好更重要

对女人而言，穿衣是一件全方位的事情，它和场合相关，和对象相关，和季节相关，和心情相关，和发型发色相关，和肤色相关，和个性相关，和一个人的一切，无论是内在的个性气质还是外在的着装打扮都有莫大的关系。衣装是让一个人和自己以及周围世界融洽相处的媒介。所以，穿衣服，必须穿得对。

可是在现实生活中，拜“穿衣戴帽个人所好”之赐，大多数女性都不知道职场怎么正确着装。感性的女人们或依靠本能追求靓丽，或依靠直觉追求个性，或依靠喜好追求舒适，或依靠兴致追求性感……而结果是，因着装不当白白丧失了天时地利人和的大好机会，在职场栽了无数跟头而浑然不觉。

董洁是工科名校研究生毕业，按理说她毕业后应该顺利地进入一家比较好的企业，可事实却是，她的简历都能从厚厚的应聘材料中脱颖而出，入列预选名单，可是每次到了面试环节，她都被刷了下来。为此，考官表示，董洁面试时回答问题都还是很不错的，可是她的着装形象却让人难以接受。

话说董洁面试那天的着装跟平时的穿着打扮一样新潮，鲜艳的短上衣，一条破旧的低腰牛仔裤，一对夸张的热带风情大耳环，精细描画的浓妆一进门就让由高级工程师组成的考官一愣。考官们随便问了几个问题后便草草结束了面试。结果很显然，董洁被淘汰出局了。

对此一位考官解释说："理工类专业要求踏实、耐得住寂寞，而董洁给我们的暗示却是华而不实、喜欢张扬的印象。如此一来，她的出局就是必然的。"

也许有朋友仍会坚守不在乎外表的习惯，但对于渴望成功的女性，形象管理大师莫雷先生的调研结果也许值得深思琢磨：不懂穿衣或穿着不当的女人永远无法上升到事业巅峰！试问一个穿着低领T恤、超短热裤的女员工，看着虽然养眼，可是让她领导一个部门，你是否能给她足够的信任？

刘妍是个女强人，现任一家广告公司的经理。虽然她是个能力很强的人，但每次面对需要唇枪舌剑激烈争辩的对手时，她却总显得底气不足缺乏信心。后来一位设计师跟她说是她的着装影响了她。

每次她都以一身单调的职业装以及一头冗长的头发出席各种场合，然而别的女性打扮却都干练又不失韵味，这样就使得刘妍在谈判的关键时刻总是倍感压抑。

于是，她接受了形象设计公司的专业指导。在形象设计师的坚持下，她剪掉了留存多年的长发，换上了一身庄重并富有朝气的高档套装。从此以后，她总能以优雅干练、精神饱满的面貌出现，并自信地坚持自己的立场，游刃有余地坚守底线，而当对手看见这么一个化妆精致、着装得体、气质不凡的女强人时，最后都无不屈服在她面前。

服装是表达自己的利器，如果不懂得依照各种因素来变化自己的着装，那么也就等于明明白白地告诉别人：看，我没有分辨情况的能力。因此，女人学会穿衣之道的第一点就是：学会穿得对。

女人只有穿得对，才会有吸引人的个人魅力。作为职业女性，穿着打扮除了整洁以外，还应和自己的职业、所处的场合以及体型、肤色搭配，另外还应突出自己的个性。一般而言，为了维护你在职场上的完美形象，以下几种服饰都是职业女性必须要避免的：

1. 走可爱路线

走在大街上的你，一定能看到很多女孩穿着印有各种可爱图案或是比较可爱的款式的衣服，再配上一双休闲运动鞋，典型的一个“小可爱”形象。不过不要因为自己非常喜欢这种搭配而在上班期间也如此穿着。要知道可爱的装扮会使你与办公室这样严肃的场合格格不入，而你的幼稚也会让领导反感。

2. 走性感路线

即使天气再热，在办公室里的穿着也不要太性感，如短裙、短裤都为禁忌，过于贴身的剪裁也不适合。有些公司甚至规定裙子的长度到膝盖上下。在办公室里应注意收起自己性感的一面。

3. 过分时髦

流行的东西是因为它美才被人们认可和接受，但这种美并不等于所有的场合都能收到如意的效果。况且不是所有时髦的服饰都适合你穿，盲目地追赶时髦只会让人觉得你的工作能力不强，但是赶时髦的能力很强。所以，一个成功的职业女性对于流行必须有正确的判断力，要选择适合自己的、适合办公室环境的衣服。

高跟鞋为女人加分

高跟鞋是女人的象征，是女人优越感的直接来源。穿高跟鞋的女人总会从一群毫无个性的女人里脱颖而出。女人只要蹬上一双高跟鞋，就像超人穿上超人装、蝙蝠侠套上蝙蝠装，所有身为女人应有的性感、魅力、自信，全部会在一瞬间被激发出来。那走路时的摇曳生姿、那摇摆腰肢时的顾盼自如、那跷脚时的风华绝代，绝对会为自己身为女人而感到骄傲。

因为一旦穿上了高跟鞋，为了平衡身体的重心，你会不由自主地变得挺拔起来。为了不至于走成“虾米”或“坐板凳”式，你必须适当地收紧小腹，伸直膝盖，将重心自然地从脚跟过渡到脚尖，让步履尽量轻盈一些。如此一来，走路时自然会变得优美婀娜起来。

可以说，一双高跟鞋，增加的绝不仅仅是高度，更是来自内心的一份自信、风度以及由内而外散发出的阵阵光芒。

高跟鞋就是女人的另一张脸，心情、脾气、性格都巨细无遗地写在上面。女人对高跟鞋是情有独钟的，一个冠冕堂皇的理由就是：从高处看，这个世界会变得更加美丽。在高一点的地方，空气会更加清新……尽管这所谓的“高”不过是几厘米的差异而已。

还有一些人认为，高跟鞋有把一个平常女人转变为一个高贵女神的威力。但真正拥有高跟鞋的女人，心底清楚地知道，不管是穿上还是脱下，自己的内在都不曾改变什么。

此外，值得注意的一点是，高跟鞋在给女人增加魅力的同时，也成了女人的一大健康凶器。科学研究，事实也证明，经常穿高跟鞋的女人，双脚都会不同程度地受到伤害。比如前脚尖经常受到压迫，会导致血液循环不流畅，情况再严重点还会导致短暂的呼吸不畅等症状。相信大多数时常穿高跟鞋的女人对此深有体会。所以，出于健康和束缚的考虑，女人也应偶尔换穿一下平底鞋。

总之，女人可以用高跟鞋来为自己加分，但在特殊场合也请你对自己多一点关爱。

第四章
培养女人味，提升你的气场

女人有味，三分漂亮可增加到七分；女人无味，七分漂亮会降至三分。女人味是女人所独有的、外在的、内在的东西，它是一种无形的力量，传递着女人的气息。它是能够使女人的内涵变得更具体、更外在、更深邃的一种风韵和气质。女人要想提升自己的气场，就应抓住女人味做做文章，因为无论男人还是女人的心目中，有味道的女人都是让人赏心悦目的一道亮丽的风景线。

气质是你征服人心的最佳名片

气质已成为一个女人很重要的一部分，同时气质也是女性征服人心的最佳名片。

一个人的气质是指一个人内在修养的外在体现，而不仅是表面功夫。如果胸无点墨，任凭用多么华丽的衣服装饰，也是毫无气质可言的，反而给人肤浅的感觉。所以，如果想要提升自己的气质，做到气质出众，除了穿着得体、说话有分寸之外，就要不断提高自己的知识、品德修养，不断丰富自己。

那么如何做才能修炼出良好的气质呢？

1. 气质女人要会装扮自己

虽然一个女人是否有气质，并不仅是看她长得美丑，女人的气质是离不开外表的。一个女人无论内涵多么丰厚，知识底蕴多么充实，首先展现在别人面前的依然是她的外表。所以，女人必须要懂得装扮自己，要明白自己的外表类型，知道自己相貌方面的长处和不足，从而去打造适合自己的妆容，穿得体的衣服，并且在不同的场合搭配不同的服饰……这都是一个气质女人所必须具备的最基本的素质。

2. 气质女人要学会高贵

这里的高贵是指心态上的高贵。小仲马的《茶花女》中的主人爱上了女仆，虽然女仆不是豪门出身，没有显赫的家世，但女仆身上具有一种高贵而又有女人味的气质。她不媚俗、不盲从、不虚华，这种心态是很多女性身上所没有的。因此，这种高贵的心态更能博得一个男人的欣赏，也更能使自己取得成功。

3. 气质女人要掌握必要的社交基本礼节

社交活动最能体现现代女性的修养。坐姿站样、说话的语气和声调、握手的方式、眼睛看人的神态、就餐落座、化妆服饰、随身物件……所有这些都体现出女人的修养、品位与气质。

4. 气质女人要有自己的优雅格调

优雅格调是一种无形的东西，它会让人久久难忘。具有优雅格调的女人举止大方、坦诚率真、不扭捏、不做作。这样的女性总是善于恰如其分地表达出自身的风韵情致，而丝毫没有炫耀、美化自己的意思。同时她们也不嫉妒别人，对任何事情都抱以一种泰然处之的态度。这样的女人更有风度，也更有气质。

5. 气质女人要学会享受生活

懂得享受的女人，会发现生活中的美好。一个行色匆匆、精神疲惫的女人不是美丽的女人，更不可能是有气质的女人。女人享受生活，享受工作，享受美食，享受期盼的微笑和关切的眼神，这样的女人才可称得上是一个聪明的女人，这样的女人的生活才永远是有滋味的。一个懂得享受的女人，才会懂得生活，才会在生活中散发出一种气质。

气质是属于每一个人的。无论你从事何种职业、年龄几何，你都可以拥有自己独特的气质。女人有内涵，气场强大又持久。

漂亮的女人不见得就是被爱的天使，生活得美满幸福；不漂亮的女人也不一定就没有人疼爱追求，最关键之处在于女人的内涵及综合魅力。

漂亮美丽只是指容颜身材的协调好看，而魅力则是吸引人的一种力量。女人的漂亮固然让人喜爱，在多种场合吸引大家的注意力，但这种注意与风光却只是短暂的。要让人真正喜欢自己，则要靠自身长久的魅力。要知道，红颜易老，而女人所显露出来的学识、修养、能力、道德观、人生观才是真正的自我，真正的内涵，也是得到人们尊重、获得显著成就的必备条件。

国际名模姜培琳从一个学运动心理学的幼儿园老师到世界知名模特，仅用了短短三年的时间，她分别获得了1999年上海国际模特大赛亚军和2000年中国十大名模排名第一的荣誉，2001年后，她再接再厉，荣获2002年中国国际时装周最佳职业模特冠军。

作为一个已经获得了事业成功的女人，在谈到自己的这一系列荣誉时，姜培琳并没有否定机遇和美貌的作用，她说道："但是，这并不是全部。在模特圈拥有美貌的人太多了，而且现在评价美的标准也不一样。我的成绩一半是因为我认真。"令姜培琳最开心的并不是这些成就，而是能够顺利考上北京师范大学心理学的研究生，继续学习。用媒体的话说："学习使她受益匪浅，正是因为内心的充实，才会让姜培琳看起来具有另一种耀眼的光彩。"

这就是一个女人的内涵为自己带来的成功。但令人感到可悲的是许多女人只注意穿着打扮，对自己气质与内涵方面的修养却并不怎么注意。美丽的容貌、时髦的服饰、精心的打扮，固然能给人美的享受，但是这种外表的美总是肤浅而短暂的，而气质与内涵给人的美感却是不受年龄、服饰和打扮局限的。

总之，一个女人真正吸引人的东西主要在于特有的内涵，这种内在的蕴涵不论何时都会给女人带来积极的作用，都会让女人的气场强大又持久。

女人温柔，方能克刚

造物者用了最和谐的美学原则来创造人类，它赋予了男性阳刚之美，又赋予女性阴柔之美，正因为两性之间各有其独特形态而形成鲜明对比，才使男女对立统一地组成了人类绝妙的世界。

男人的性别美应该是有性格、有棱角、有力度，有一种阳刚之气，一种粗犷的美。而女人普遍被人认可的性别美则是娴静的、温柔的、甜美的。女人清秀的容貌、柔和的线条、言谈举止中散发出的脉脉温情更强烈诱人。女人巧妙地运用自己的性别特点，表现出谦恭、仁爱、温柔等，往往能激起男性的爱怜和保护欲。

女人的温柔表现在：善解人意，宽容忍让，谦和恭敬，温文尔雅。不仅有纤细、温顺、含蓄等方面的表现，也有缠绵、深沉、纯情、热烈等方面的流露。女人的柔情各式各样，像绚烂的鲜花，沁人心脾、醉人心肺。但女人的温柔不是柔弱、柔软、柔顺，不是丧失自己独立的人格和独立的个性。女人之温柔，是柔中有刚、柔韧有度，所以才柔媚可人。柔情似水，是女性诱人的魅力，是一种征服他人的巨大力量。那么女人该如何培养温柔的气质呢？

1. 嫣然一笑百媚生

每个人的眼睛都会说话，温柔的女人更是擅长用含情脉脉的目光、嫣然一笑的神态、楚楚动人的面孔，其效果绝对是此时无声胜有声。

2.“走”出温柔

现今许多女性，因为工作生活的忙碌，赶时间而大步流星地急走，渐渐地，习惯成了自然，女人走路的姿态就不雅了。因此，最快捷也是最好的方法就是头顶一本书来练习，这不仅会让你放慢走路的速度，还会让你保持抬头挺胸的优雅步姿。

3. 温柔女人会“害羞”

一个女人害羞的模样不但是她最美的时候，也是她最具吸引力的时候。那一抹羞态出现得适时而且恰如其分，便是一种诱人的娇媚，是一种女性特有的美。

4. 心细如绵

心思细腻的女人，总会在不经意间让别人感动，也会让自己的温柔指数上升。比如，记住朋友、家人、同事的生日，适时地送上问候和祝福，会带给他们一份温馨的惊喜。记住不太熟悉人的名字，再次见面的时候，不用介绍就喊出来，显示出你对别人的尊重。如此心细的女人肯定会招人喜欢的。

5. 做个有“书香”的女人

如今才女的冰雪聪明、玲珑剔透令人折服。有“书香”的女人不仅从书中获得了知识、素养，还从那厚重的书香气中萃取到了属于自己的女人味。

6. 柔声细语

一个女人，即使不漂亮，声音好听也会容易被人接受。通过“柔情”显示出来的声音，轻柔曼妙，如酷暑里的清风、严寒里的阳光，就像一块磁石，让人不自觉地有靠近聆听的欲望。

声音动听，才能吸引人

靳羽西说："一个有魅力的女人，说话的声音一定不能大。但在繁忙喧嚣的现代生活中，女人往往忘记控制音量，不自觉地提高声音，没有了女性特有的优雅。"

一个有气场的女人说话大方得体，其声音是很重要的外在表现形式，只有适当调整自己的声音，让它更动听，才更能打动人。

1. 多多训练表达方式

要注意训练表达方式，找一篇短小的散文或者朗朗上口的诗，以各种戏剧化的腔调把它念出来，激动的、无精打采的、哀伤的、滑稽的、不可压抑的，这样你就能更有效地掌控声音的魅力。

2. 要注意说话的音量

若想使自己过于轻柔的声音变得简洁有力，可以坐直（或站直）身子，头抬高，面向室内最远处高声说话，并注意镜子里的身体语言；若想压抑过高的声调，应先放松心情，想一些熟悉的音乐旋律，并且练习使用轻声细语——即在说话中，故意将某句话说得很轻，这同样可引起听话者的注意。

3. 说话的速度要快慢适中

仔细回忆一下，平时说话的速度是否过慢或过快，过慢会使听者失去耐心；相反，如果说话太快，就要先了解原因，是因为你很性急，还是担心别人对你的话题不感兴趣，赶快把意思交代了事？弄清楚原因之后，再采取相应的措施来加以改善。

4. 发音要清晰

说话时不但要咬字清晰，尾音更要念清楚，很多人说话开头音量很大，最后几个字却含混、模糊起来，这样是很不妥的。

5. 音调的变化

写一个完整的句子，反复念出来，每一次强调一个字的读音，看看一句话会有多少种不同的含义。

6. 要避免口头禅

如果你发现自己有口头禅，最好设法改掉。平时交谈固然可以使用，但要看对象，尤其正式谈话或演说时应避免使用为宜。

注意修炼女人味

什么是女人味？怎样做一个有味道的女人？说到底，女人味是女人所特有的东西，它是一种无形的力量，传递着女人的气息。它是能够使女人的内涵变得更具体、更外在、更深邃的一种风韵和气质。

李先生年过40岁，事业小有所成，按说他应该有个温暖的家，一个贤惠的老婆，一个活泼可爱的孩子，但是他没有。他结过婚，感情不好，没要孩子，所以没几年就离了，如今一晃七八年过去了，下班回家，还是冷锅冷灶。这可急坏了周围的亲戚朋友、同事邻里，大家都把自己所认识的姑娘介绍给他。其中漂亮的不少，可是李先生每次都是怅然而归，次数多了，朋友就急问道："这么多女的，难道你就没一个相中的，还是你嫌她们长得不够漂亮？"他说："这和漂亮没什么关系，找个有女人味的就行了。"

他沉默了一会儿，拿出一篇文章给朋友看其中的一段话：作为女人，无论你是高级白领还是普通家庭主妇，都少不得女人应有的温柔、温顺、贤惠、细致和体贴。要在传统和现代之间寻找一个平衡点，在追求性感火热的时尚之美时不摒弃传统古典的雅致婉约，在事业上与男人比翼齐飞，也不失一个小女人的小情调和小幸福。那些凭内在气质令人倾心的女人，是最有女人味的女人。他对朋友说："这简直写得太好了，说出了我的心里话。"

由此，作为女人，任何时候都不要忘记自己是女性。就如希拉里·克林顿所言："诚然，我们女性和男人共同创造并管理着这个世界。但即便再过一万年，女人也应保持着那份女性特有的温柔妩媚，这不只是取悦于男人，也为了证明女人自己。"

所以，无论是奋战在办公室里的职业女性，还是留守家庭默默奉献的女人，都请你对自己多一点关爱，秀出自己的女人味。

当然，女人味不是与生俱来的，是要通过后天的修炼，才能使自己女人味丰盈四溢，那么女人味该如何培养呢？

1. 从里到外，学会温柔

从语言到仪态，从服饰到性情，处处都弥漫着温柔的气息。别说自己还小不懂这些，别说自己不漂亮不用卖弄风情。温柔与年龄无关，与外表无关。温柔不是软弱，而是一份坦然。在面对艰难时，温柔的女人不会歇斯底里地大叫命运不公，而是不抱怨，坦然笑对新的生活；在面对幸福和富足时，温柔的女人不会炫耀自己如何受到家人的宠爱、如何富裕，只要温柔一笑，幸福感便溢于言表。女人的温柔是大度、仁厚和悲悯，温柔是一种教养，无法速成，所以女人要重视温柔，从内而外，学会温柔。

2. 少发牢骚，学会宽容

爱发牢骚的人，大多是因为没有树立良好的心态，把一切看不顺眼的事物都化成了抱怨之词，这样很容易让别人产生反感。在办公室，费力不讨好的总是爱发牢骚的人；家人也容易因为你的唠叨而无法体谅你，和你产生冲突。一个有修养、有气质的女人不会对什么事都看不惯，更不会在他人背后说三道四。有句话说得好："退一步，海阔天空。"女人不妨宽容一些、豁达一些。

3. 远离嫉妒，学会欣赏

爱嫉妒的女人一旦受到刺激，情绪一上来，愤怒就会占领整个头脑，从而变得糊里糊涂，甚至丧失理智，最终有损形象。要保持健康的心态，不要看到别人比自己强就不开心；看见别人不如自己，脸上就露出不屑的神情。这些心理状态都是不健康的。

嫉妒的人，一定要放开眼界，积极地去克服这一性格上的弱点。要知道“天外有天，人外有人”，比你强的人有许多，如果你始终抱着嫉妒的心态，日子就会过得极度苦闷。相反，你若是放下这个心理包袱，懂得尊重、欣赏别人，你的生活就会每天都如艳阳天般光明灿烂了。

4. 培养文化修养

由内而外散发出文化气质的女人，一定会受到别人的喜欢。仅仅拥有外表的华丽是远远不够的，女人还需要坚实而丰富的内涵，即良好的文化修养。

5. 心地善良

爱惜弱小、尊重老人，会让一个女人看起来美丽可爱。善良是一种良心的选择，女人有了它，就仿佛有了一颗柔软的心，功利被驱散了，整个人像是放射光芒的灯塔，为黑夜中找不到方向的人们导航。让自己学着厚道一点，多一些同情心，送人玫瑰，手有余香。

6. 知足常乐

知足的女人最快乐。只要是觉得幸福了，即便只是一个笑容也会让她感觉拥有了全部。容易满足的性格其实就是快乐人生的要领和真谛。

7. 永远自信

自信就是即便全世界的人都不相信你能做好，你也有勇气去尝试的执著精神。自信的女人总是透出一种让人折服的气质，总是透着一种吸引人的魅力。当然，自信的女人还需对自己有正确的评价，经过不断地“去其糟粕，取其精华”，经过不断地磨炼，使自己趋于完美。

内外兼修，提升魅力

魅力，在辞典中的标准解释是：很吸引人的力量。其实，魅力是一种复合的美，是一种通过后天的努力与修炼达成的美，它不仅不会随年岁的改变而消失，反而会在岁月的打磨之中日臻香醇久远，散发出与生命同在的永恒气息。

魅力是一种力量，可以放大女人的生命力，能够给女人的生命以新的希望和活力。拥有魅力，便获得和拥有了感染、影响，甚至驱动和驾驭他人的力量，拥有了对生命和未来的掌控力。魅力是女人的综合指数，是从女人的身体内部和心灵深处自然而然涌动、喷发、流露出来的一种气韵。

美丽并不是依靠天生的，即便你的父母给你一张漂亮的脸蛋，也不能让你一生永远美丽，女人的美丽必须用心琢磨、设计、打造，才能凸显非凡的光华。其实，一个天生不够漂亮的女人，如果努力修炼其他魅力因素，也可以成为很有吸引力的女人，甚至随着年龄的增长而更有魅力，更受人喜爱。

可以说，每个女人都应该具有自身独特的魅力。魅力，离你并不遥远，它其实就藏在你身上，你可以通过内在素质与外在形象两方面去发掘。

首先，在内在素质方面，一个女人应该做到以下几点：

1. 永远保持年轻的心态

无论多老，只要拥有一颗年轻的心，那么女人的魅力就是百分之百的。年轻的心态让人有积极、快乐的感觉，人们始终愿意和快乐的人待在一起，获得共同的快乐。所以，年轻的心态很重要。

2. 努力提高自己的修养

有了年轻的心态，还要有成熟女人的修养。比如阅读一些有品位的书或培养特别的兴趣爱好，听音乐、弹钢琴、画国画等，这些都是陶冶情操、提高修养的好办法。

3. 拥有一颗宽容的心

宽容的心让女人永远保持良好的心态。只有拥有了良好的心态，我们才能坦然面对和享受生活。

其次，在外在形象方面，你也应该做到：

1. 给自己的形象明确定位

每一个女人都应该对自己的形象有一个定位，确定你要表现端庄典雅、时尚前卫，还是浪漫性感。当你有了明确的主题，你就可以从色彩的搭配、服饰风格的统一、发型发色的协调、彩妆妆面的得体等方面，体现出鲜明的个性。比如说端庄典雅的色彩讲究和谐，时尚前卫就得突出对比，而浪漫性感多为热情的暖色调；端庄典雅的服装和饰品应该高贵精致，时尚前卫的只要新潮另类，浪漫性感的必须豪华奢侈；端庄典雅的发型发色多为素色的长短直发，时尚前卫是引领潮流的色和型，浪漫性感更宜挑染的大波浪；端庄典雅的彩妆要淡雅精致，每个细节都要修饰到，时尚前卫的可以大胆醒目，浪漫性感的要浓郁渲染，突出眼和唇的色彩，等等。

2. 适当地保养自己

永远保持年轻的心态。女人要学会保养自己，包括美容、护肤等，同时也要时刻注重仪表，总之，一句话：要使自己永远处于“精装版本”的状态。

3. 形体动作习惯的养成

女人的美丽来自容貌和形体。然而大多数女人往往把大部分精力放在了容貌上，而忽略了形体。你应时刻记得展示出女人的优雅体态与动作。

4. 掌握礼仪

“不以规矩，无以成方圆。”礼仪是我们生活、工作中经常要用到的，生活和工作中也有各式各样的规矩需要我们遵守。了解并掌握这些规矩，能够使你在生活中少闹笑话，在工作中少犯错。做一个有魅力的女人，学习礼仪是必需的。

做一个知性女人

什么样的女人才最具气场？浑然天成的自信，满腹诗书的才气，大方得体的装扮，协调平和的人际关系等，构成了女人知性美的全部，也是气场女人所特有的魅力。

知性女人，必然经过时间和生活的历练，就像陈年的老酒一样，历久弥香。

知性是成熟女人的专利，经历多了，故事也有了。如此女人的内心便少了许多茫然和焦躁，无意中流露出一种岁月历练后的美丽与智慧。

知性女人，就像一句广告语：有内涵，有主张。她有灵性，而且“智勇双全”。她可以无视岁月对容貌的侵蚀，但绝不束手就擒；她可以与魔鬼身材、轻盈体态相差甚远，但她懂得用智慧的头脑把自己打扮得精致而品位高尚。

知性女人是有知识、有品位、有女性情怀的美丽女人。她兴趣广泛、精力充沛、重视健康、珍爱生命、独立进取，努力追求自我价值的实现。她像田野清新的花，不是为了赞美或飞舞不定的蜂蝶而开放，而是为了平平静静地萌芽、生长和绽放。知性女人是灵性与弹性的结合，她经历了一些人生的风雨，因而也懂得包容与期待。知性女人像一杯清茶，散发着感性的魅力。知性女人热爱生活、热爱世界，犹如一棵草绿了大地，一滴水润了绿芽。这种美丽还在于恬静，不为外界的诱惑所动，任风生水起，依然和煦淡远。

一个真正“知性”的女人身上既有人格的魅力，又有女性的吸引力，更有感知的影响力。知性女人举止优雅，待人接物落落大方。她用自己的言行告诉你，她是一个时尚的、得体的、尊重别人、爱惜自己的优秀女性。所以，努力充盈自己吧，做一个有气场的知性女人。

第五章
会说话的女人，人人爱

对于女人而言，卓越的口才、有技巧的说话方式，不仅是家庭幸福的法宝，事业披荆斩棘的利剑，更是增加自身个性魅力的砝码，增强气场的有效手段。因此，一个女人可以生得不漂亮，但是一定要说得漂亮。无论什么时候，渊博的知识、良好的修养、文明的举止、优雅的谈吐、出口不凡的表达，一定可以让女人活得足够漂亮，成为一个受欢迎的女性！

说话语气强，气场自然强

语气在人际沟通中发挥着很重要的作用，有的人说话对方容易接受、愿意接受，有的人说话对方就不容易接受、不愿接受或者很难接受。这其中的原因，大多是由语气的不同造成的。一句同样的话，如果用不同的语气来说，就会起到不同，甚至是相反的效果。

在生活中，我们也发现，充满自信的人，谈话时多用肯定语气。缺乏自信或性格软弱者，说话的节奏多慢条斯理、有气无力。而那些喜欢用不确定语气结束话题的人，通常害怕承担责任。经常使用条件句的人，如“这只是我个人的看法”、“在某种情况下”或“不能一概而论”等，大多属于怕得罪人的个性畏缩者。当然你的气场也会随着你的语气而发生强弱变化。

因此，建议女性朋友们多使用语气较强的词，表现你的力量。说话语气弱，很容易暴露出性格上的弱点，肯定语气则可以表达出很强的气势与力量。“很”、“确切”、“最”、“绝对”、“肯定”等词的语气都比较强；“可能”、“一点”、“稍微”等词的语气则比较弱。如果想让自己的话听起来有气势，那么就应该多使用前面这些语气比较强的词。

你也必须明白，要想充分表达自己的意思和情感，并不是通过声高来实现的，而是靠语气的得体而取胜。虽然说“理直”就“气壮”，但有理也要有礼。有理再加上得体的语气，才会收到“情通理达”的效果。所以，把握好说话语气是非常重要、非常必要的。

当然，语气的强弱要考虑场合、时机、对象等因素，灵活恰当地运用语气的多种形式，做到适时而发。

首先，把握语气要注意说话的场合。一般来说，场面越大，越要注意适当提高声音，放慢语流速度，把握语势上扬的幅度，以突出重点。相反，场面越小，越要注意适当降低声音，适当加快语流速度，并把握语势的下降趋势，以追求自然。

其次，把握语气还要抓住谈话的时机。同样一句话，在不同的时候说，效果往往大相径庭。抓住时机，恰到好处，运用适当的语气，才会产生更好的谈话效果。

最后，驾驭语言还要因人而异。语气能够影响谈话对象的情绪和精神状态，语气要适应于“听话者”，才能引起对方谈话的兴趣，你的气场也会因此而变得更为强大，从而赢得交际的成功。

真诚赞美，赢得人心

美国著名心理学家威廉·詹姆斯说："人类本性上最深的企图之一是期望被赞美、钦佩、尊重。"赞美是一种让沟通顺利进行的有效良方，是交流双方互动的润滑剂。一句赞美立竿见影地消除了陌生感，一句赞美给人以力量，一句赞美给人以鼓励，一句赞美也许能帮助他人渡过难关，一句赞美能换来友谊、合作。因此，女人一定要学会真诚地赞美他人。

一次，一个女孩和朋友来到袁子的鞋店，女孩看中了一双咖啡色的凉鞋，摸上去质地细腻，鞋跟也不高，她兴冲冲地拿下来试穿。她感觉十分舒服，于是又低下身子去试穿袁子拿出的另一只鞋，就在她弯腰瞬间，女孩脖子上戴的小兔链子从衣服里滑了出来，蹲在她面前的袁子笑着说道："你的小兔链子真漂亮！"说完，眼睛里还流露出真诚的喜欢，那是一个女孩对一件精致饰品不加掩饰的赞美，女孩觉得之前单纯的买卖关系忽然就变淡了，她一改往日要多逛几家店的习惯，很高兴地拿钱买下了这双鞋。从那以后，女孩还经常介绍自己的朋友来袁子的店里买鞋，袁子和她也成了很好的朋友。

真诚的赞美对人际沟通、维系良好的关系会产生重要作用，也是调整心灵的润滑剂。或许有人会说赞美不过是几句好听的空话而已，但威廉·詹姆斯还曾研究发现："人类本性中最深刻的夸奖，要比严厉的惩罚、责备他们的过失，更能得到他们的合作，更能促进他们恢复人格。你看即使对星星监狱里的凶狠犯人，赞赏最微小的进步，也是有效的。”

可以说，没有什么东西比赞美更能提高你的交际气场了，所以，平常一定不要吝惜你的喝彩声。以下赞美技巧可供女性朋友们借鉴：

1. 意外赞美法

出乎意料的赞美，会令人惊喜。比如，一位女士看见儿子把饭吃得很干净，就夸奖了一番。在孩子看来是应该的，却得到了妈妈的表扬，他的心情会变得无比愉悦。而且在以后每次吃饭时，他都会把饭吃得干干净净，若米粒掉在了桌上，他也会自动捡起来扔进垃圾筒。

2. 目标赞美法

女人在赞美别人时，如果为其树立一个目标，往往能让他坚定信念，为这一目标而奋斗。一位经验丰富的排球教练在训练队员时，发现一个女孩思维敏捷、球路较多，她非常看好这个女孩。一天，她走到这个女孩面前，轻轻拍着她的肩膀说：“有一天，你会成为国家排球队的最佳队员。”这个女孩后来真的成了国家排球队的主力队员。女孩回忆说：“教练赞美我的那句话对我的一生产生了巨大的影响。”

3. 肯定赞美法

每个人都有渴望赞美的心理需求，有一些特定的时机更是如此。例如，考试得了好成绩，成功地完成了论文，职位得到提升等，都希望得到别人的肯定。这时，女人不失时机地给予真诚的赞美会使被赞美者感到高兴。

赞美是尊重他人的表现，心理学家经研究表明：每个人都不同程度地把自己看做“中心”，都特别关注自己，内心都希望引起别人的注意。女人学会真诚地赞美别人，会使自己的人际关系和谐、工作顺利、生活愉快、事业有成。

批评别人要讲究窍门

当我们赞美一个人的时候，总会得到对方的好感，但若批评一个人，那么即便对方真的犯了错误，他也会从心里排斥批评，并对批评者心怀不满。可是很多时候批评是无法避免的，要想使对方不产生排斥心理，必须注意批评的方式方法。女性朋友们若能做到批评有方有法，不仅不会被对方排斥，反而会增强自己的气场。

佳妮是公司营销部的经理，身经百战的她，在谈判桌上是胜利者，在私底下也是下属心中的“偶像”。

佳妮每当发现下属犯错误或工作没有做到位时，她从来都不会当众训斥，而是把他叫到公司的休息区，边喝咖啡边聊天。而且，这样的谈话往往开头都是一样的，“你最近工作很努力，成绩有目共睹，客户都很满意。但是……”虽然重点从来都是“但是”后面的话，但佳妮从来都不会一上来就把哪些地方做得不好说出来，而是先肯定对方的成绩，再把不足之处指出来。这样一来，既不会让对方觉得难堪，又会让他很有成就感，他会记住经理指出的问题，并很快改正。

这样的处事方法让佳妮在公司员工中颇有威信，部门的销售额也是步步攀升，很快佳妮又得到了升迁的机会。

批评是一种艺术，批评别人而要使其口服心服，就要讲究窍门，以下几种方式女性朋友们应该有所了解，这会对你气场的提升很有帮助。

1. 劝告式批评

批评是一剂"苦药"，虽利于"病"，但是没有一个人愿意领略那逆耳的批评。如果我们换一种方式，把逆耳的批评变做善意的劝告，那样"喝药"的人会高兴地喝下，"病"也会除去。

2. 模糊式批评

某单位召开员工大会，目的是为了整顿近期松散的劳动纪律。会上领导说："最近一段时间，我们单位的纪律总的来说是好的，但是个别同志的表现却很差，个别人还有迟到早退、上班时间聊天的现象……"这位领导运用模糊语言，如"最近一段时间"、"总的"、"个别"，既把存在的问题指了出来，又照顾了别人的面子。虽然领导没有指名，但实际上还是等于指名了，并且说话又具有某种弹性。这种说法往往比直接点名批评的效果好得多。

3. 暗示式批评

如果想让对方接受你的意见，最好用暗示。很多人犯了错之后为了不在众人面前丢脸，都不想将自己的错误公开。虽然有虚荣心在作怪，但也有可贵的自尊心。当我们运用暗示为一个人保有自尊心，一方面让他明白你已知道他所犯的错误，同时也提醒他不可再犯，这样的批评比大声的批骂更有效。

4. 安慰式批评

小李刚毕业就应聘到一家公司做秘书，但由于缺乏经验，常犯一些错误。为此，经理运用安慰式的批评对她说："现在你做错一些事，自然是难免的，我像你一样刚参加工作的时候，也是什么都不懂，也做错过很多事，我相信只要你能认真努力地做，等到了我这个年龄的时候，你一定会超过我的。"

5. 请教式批评

面对认识及判断能力较强的人，切忌以居高临下的态度去训斥和指责他们，因为这会引起他们的反感。应该以诚恳、平和的态度，热情的关怀去帮助和引导他们，言语要饱含深情，诱导其主动改正错误。

6. 幽默式批评

在工作或生活中，我们需要肯定地表达自己的观点。在受到某种不合理的阻挠或不公正的待遇时，我们应该表明自己的想法，如果运用幽默的话效果会更好。

著名电影导演希区柯克有一次拍摄一部巨片。这部巨片的女主角是个大明星，而且长得特别漂亮。她对自己的形象可说是“精益求精”，不停地唠叨着让摄影师注意角度问题。她一再地对希区柯克说：“你一定得考虑我的恳求，务必从我最好的一面来拍摄。”“抱歉，我做不到！”希区柯克大声说。“为什么？”“因为我没法拍摄到你最好的一面，你正把它压在椅子上！”如此一来，既表明了自己的想法，又避免了尴尬。

7. 善意式批评

善意式的批评是朋友式的善意提醒，是发自内心的关怀，有如春风化甘雨，能滋润犯错者那片干涸的心田。由于这种批评是柔和的，所以很容易被人所接受。

8. 三明治式批评

三明治式批评，就是厚厚的两层表扬，中间夹着一层薄薄的批评。即表扬—批评—再表扬。这种批评方式，易被批评者接受，而且效果较好。因为在人们的认知里批评是一种否定，表扬是一种肯定。三明治式批评，用了两个肯定，一个否定。肯定的多，否定的少，使被批评者心理容易平衡。实际上，批评并不是否定，而是对一个人的帮助与改进。

9. 比喻式批评

不直接批评犯错误者，而是采取打比方的方式，让他自我对照，认识到自己的错误。这种方法可以消除犯错者的疑虑和恐惧，使其自然地接受批评并加以改正。

10. 迂回式批评

心理学家威廉·詹姆士说："人类本质中最殷切的需求是渴望被肯定"。所以我们应创造一个和谐的交谈氛围，让他感受到你并没有因他犯错而另眼相看，再对其进行批评，就会显得合情合理，从而促使他产生自省，产生改正错误的愿望。

11. 间接式批评

妻子买了一件衣服征求丈夫的意见，丈夫觉得这件衣服的颜色太鲜艳了，妻子穿起来不太合适。如果直接批评就会说："一把年纪了还穿这么鲜艳的衣服，岂不成老妖婆了？"当然收到的效果肯定是伤害了妻子的自尊心。但是如果间接地指出否定的意见，比如说："不错，颜色可真鲜艳，如果女儿穿的话会更好看，这个颜色很适合她。"效果会好很多。

12. 建议式批评

用建议，而不用命令，不但能维持对方的自尊，而且能使他乐于改正错误。"你觉得这样做行吗？""这个问题这样做好不好？""还有更好的解决方法，你说是吧？"总之，当我们用建议式的方法提出批评时，不仅表明了自己的态度，同时也找了个合适的理由让对方保有面子。这样一来，对方会愉快地改正错误。

掌握了正确的批评方式，就能收到良好的批评效果，那么这些方式如何恰当地运用呢？这就要求我们讲究批评的原则，只有这样才能让别人愉快地接受，从而改正错误，向正确的方向发展。

首先，批评要分场合。是人都不喜欢在众人面前丢人，让自己成为众人的笑柄。没错，你的批评是善意的，但不分场合地乱批就是你的错。一对一的批评效果肯定会比一对二或一对多的批评效果好。

其次，对事不对人。批评只能是对他所犯错误进行改正而进行的，万不可加进个人的成见。否则你的批评就是不客观的，那么别说是让别人改正错误了，还有可能会在你与他之间引起矛盾。

再次，批评不能新账旧账一起算。失败的过去谁都不愿别人一而再再而三地提起，毕竟那是自己的伤疤，揭起来或许不会很痛，但是肯定会有不舒服感。可是一旦新错和旧错加在一起时，就会使人失去信心，觉得自己一无是处，也会让人觉得你是有意打击而激起反抗心理。

最后，提出有效的意见。在批评中提出有效的意见，会让对方觉得你真心实意地想帮他改正错误，同时当你提出有效的意见时，也削弱了批评中的否定因素，让人在不知不觉中接受你的批评，并采纳你的意见。

在批评的时候讲究技巧、讲究原则，那么无论你使用何种批评手段，都能收到预期的效果。

学会倾听，让气场在无声中凝聚

吉拉德·黎仁柏在《打动别人心》中说："在你表现出你认为别人的观念和感觉与你的一样重要时，谈话才会有融洽的气氛。在开始谈话的时候，要让对方提出谈话的目的或方向。如果你是听者，你要以你所听到的话来管制自己该说什么。如果对方是听者，你接受他的观念将会鼓励他打开心胸来接受你的观念。"

大多数人认为倾听是一种被动的行为，这种想法是不对的。认真倾听对方的谈话，对于沟通来说不是消极的行为，而是积极的行为。没有耐心、认真的倾听，就不会有全面了解与沟通，就不会有理解与支持。

菲娜到新公司上任前仔细地做了各项准备。她了解了关于这家公司所有的她该知道的东西，了解了市场和产品。在她的见面介绍会上，她十分自豪地回答了所有抛过来的问题，菲娜认为，她这些丰富的知识可以让所有的员工们确信，这个新来的人的确了解他们，并且值得信任，可以担负起未来领导公司的重任。然而结果却是：员工们感到了威胁。

当菲娜从员工们的脸上看到不受欢迎时，她感到非常的不解。难道是自己的表现还不够出色？正在菲娜苦恼的时候，她的上司，一名出色的经理人向菲娜讲述了自己刚上任时的经历。

由于她刚上任时，公司正处于麻烦缠身的阶段，尽管自己对公司当时的情况非常的了解，但她并没有急于发表自己对公司的见解及看法，而是“积极地去倾听”。她听取许多人的建议，公司内部员工的，也有局外人的，尽管有些意见与自己的理念相悖，但她还是认真地听着，这使她与员工们有了较好的沟通。

随后，她为了能让公司安全地渡过这次难关，不得不做出裁员的决定。当她告诉员工们，公司的现状让她没有其他选择时，尽管许多员工要面临失业的危险，但是她的这一举措，却出奇地得到了员工们的理解和支持。她说：“‘说’并不是一个好起点。很少有谁是单枪匹马实现目标的。若想让怀疑变成支持，更好的方法是‘听’而不是‘说’。哪怕人们有不同意见，也可以跟别人和谐合作，只要他们感到有人愿意听他们的观点，理解他们。”

听完了上司的故事，菲娜认识到了听的重要性。于是她开始把说的机会让给别人，自己则做一个忠实的倾听者。渐渐地，菲娜赢得了更多的支持。

倾听的好处就在于，你可以从多种角度看问题。如果人们意识到你有这种能力，他们就会更愿意支持你。从人们的各种评论中发现新的可能性，哪怕是负面的观点或是刻薄的论调都有价值。即使什么都没有，你也能从中感觉出未来工作的难易程度。如果双方都急于表达自己的意愿，却不听对方的谈话，那么沟通将无从谈起，得到理解和支持更是难上加难。所以，要想赢得人心，学会倾听很重要。值得注意的是，倾听，不仅是用耳朵听，还要用心听。怎么做才能使对方感受到你在全身心倾听呢？美国俄亥俄州州立大学临床心理学家玛依凯鲁·拉克劳塞博士曾以咨询为对象做了一个关于倾听的实验。实验得出，保持微笑、频繁地点头、谈话中 80% 的时间看着对方的眼睛、和对方面对面交谈时采取上身前倾 20 度等姿势，会让对方感觉到我们的真诚，从而愿意向我们透露其内心的真实想法。

那么在倾听时，具体应该注意些什么呢？

1. 聆听的姿势

与对方交谈时，应该采取“我正在认真听你说话”的姿势。要是此时手边正忙着其他事情，一定要赶快停止。不要采取交叉着手或脚的姿势，这会让对方感到你心中是有防备的。应该把身体放松，不要让双手交叉在胸前，并采取开放而自然的态度。

2. 眼神的接触

交谈时，眼神要和对方自然接触，时间最长大约两三秒左右。当对方的眼神快和自己对上时，就赶紧配合他吧！眼神的接触将会产生极大的效果。

3. 适当的动作

根据麦拉宾法则，人类获得的信息有8%是来自眼睛。交谈时，如果能以点头回应对方的话语，对方就会因看到你的动作而留下“你很认真听他说话”的印象。

另外，选择适当的回话内容，再加上点头表示赞许，就可以让聊天的气氛变得更融洽。

4. 体贴的重复

归纳对方说的重点，并加以重复，是让对方了解自己确实理解他所说的话的重要步骤。只要能够做到这一点，对方就能感到你与他产生共鸣，并且接受你给予的肯定感，与你共享情感的交流。

“积极倾听”技巧的施行，最重要的关键在于“时机”，因此一定要配合对方的频率来判断适当的施行时机。有人把交谈比喻为传接球，但是我认为，以桌球或网球的连续对打来比喻，也许更容易抓到要领。就是这种有节奏的感觉，才能够产生“积极倾听”的效果。

请你想象一下，对方敞开心房，不停与你谈话的画面。擅长与别人交谈，其实并不是那么难学的本领。

吸引他人的说话技巧

星期天，陪小侄子去上围棋班，休息时间，一群孩子聚在一起打闹，突然一个小女孩大哭起来，说："妈妈，他们老抢我话题。"

原来，小女孩想跟大家分享有关白雪公主的故事，可是小男孩们关心的却是奥特曼如何打死了小怪兽，对恶毒的王后与可怜的白雪公主没有一点兴趣。如此一来，小女孩的话总被男孩们打断，小女孩一急便哭了起来。

自己的谈话被别人打断，或者被别人抢走话题，都是让人很不快的事情，即使是控制情绪的高手也会感到些微的不快。若想自己的话题不被打断，最好的办法就是所说之话是对方感兴趣的，当然了，要做到这一点，不仅需要洞悉人们的内心世界，还要善于言辞，如此才能妙趣横生，吸引众人。

那么在与他人交谈时，具体该如何做才能吸引他人，才不会让自己在说话的时候被忽视呢？以下技巧可帮助女性朋友们提高说话的艺术性，迅速提升气场。

1. 说话内容要扣人心弦

一个会说话的人，大多是具有活力和精神抖擞的人，有超人的爆发力，能把内心的情绪抒发出来，并强烈地感染着身边的人，这就是人们常说的说话具有鼓动性，具有牢牢吸引住听众的注意力、打动听众心弦的征服力。总之，如果想要在说话时吸引他人，就要在说话时努力营造一种犹如磁场一样的向心力，用语言作为你的利器。

2. 说话语气要自信

讲话必须有自信力和决断力。然而很多人说话最容易犯的毛病，就是容易用怯懦、无自信的话语减损语言的力量。这样不仅自己失去了自信力，同时也会让对方对你失去信心。可见说话时有自信是非常重要的。

3. 说话要以对方感兴趣的事来压轴

在与他人谈话的时候，要掌握好谈话的顺序，整理出谈话的重点。这样听者不至于因遗漏重点而后悔，说者也能掌握回答的方向，以深入浅出的说明，让听者更容易接受。当然，最重要的核心问题要放到最后，就像一场晚会一样，最后出场的大都是压轴戏，而且给人的感觉很精彩。谈话也是如此，这样不仅充实谈话的内容，而且彼此之间的谈话还会让对方回味无穷。

俗话说："万事开头难"，交谈的开头也一样。所以，当你与对方进行交谈前，一定要琢磨着给听者一个有吸引力的开头，而接下来的成功自然是水到渠成了。我们任何人都不可能是天生的语言大师，所以吸引他人的说话技巧只能在学习中不断积累。

把话说到心窝里

心理是一种内在的东西，而行为是内在的东西物化为现实行为的最终结果。根据这一联系，我们可以通过分析形形色色的人背后的各种现象，把握对方的个性和心理，从而可以理性地解读人内心的想法，更加从容地与对方交谈，更易取得预期的效果。

春秋时期的鬼谷子曾经在其著述中有过精辟的阐释："与智慧超群的人说话，凭借的是广博的见闻；与见多识广的人说话，凭借的是精辟的辨析能力；与善辩的人说话，则应该简明扼要；与大人物说话，要用奇妙的事情吸引他的注意力；与臣子说话，就要用好处来说服他。别人不愿意做的事情，绝对不能勉强；对方喜欢的事情，就应该投其所好；对方讨厌的事情，就避免谈论它。"在此之前，孔子也曾经发出过"言不顺，则事不成"的慨叹。可见，投其所好地交谈对于人际交往的重要意义。

瑞敏是个退役乒乓球运动员，每个周末她都去健身俱乐部打乒乓球。她跟人聊天的唯一话题就是乒乓球，谈她自己的成绩、她的球龄、她最得意的比赛之类。她还是个大龄未婚女青年。有一天朋友安排她和一个单身男赛艇运动员方军认识。这个方军的爱好是和人谈论赛艇、赛艇比赛，一说起来同样是滔滔不绝。

"你以前是乒乓球运动员啊？"见面后，方军主动问瑞敏，一边上下打量对方。

"是的。"瑞敏端庄得体地说，等着对方把话题往乒乓球上引。

不过方军却沉默起来。

瑞敏努力隐藏自己的失望情绪说："听说您是个赛艇运动员。"方军自豪地笑了一下，等着瑞敏继续盘问他的赛艇。"赛艇肯定挺有意思的，不过训练起来好像很辛苦吧？"瑞敏尽量没话找话。

"不，一点也不辛苦。"赛艇手说，心里对这个没什么含金量的外行话题不怎么感兴趣。结果两个人就没话可唠了。

"酒逢知己千杯少，话不投机半句多"，事实证明，很多人能够成为朋友乃至生死之交，往往源于共同的爱好或志趣，而且双方往往是一谈之下，遂成知音；同样，很多人虽然都是同道中人，却由于爱好相左、性情相悖，不仅不会成为朋友，甚至会恶语相向，到头来工作、生活都大受影响。可见，共同的话题是促成双方有效沟通的首要前提。换言之，聪明的女性要学会在交流过程中引入对方感兴趣的话题，从而得到他人的认可，进而赢得对方的好感，增强自己的气场。

要想真正做到投其所好，除了不断丰富自己各方面的知识外，还必须掌握以下技巧和要领，从而保证我们在与他人交流时，可以随时随地引入对方感兴趣的话题。

1. 紧跟潮流，能说会听

对于初次见面者，如果找不到合适的话题，无疑会使双方感到尴尬，这时候，选择时下的潮流话题或大众普遍关心的话题，无疑是化解双方尴尬、拉近彼此距离的有效方法。当然了，即使我们对这些事情知道得再多，见解再独到，也不能说个不停，更多的时候，我们还是应该做个高明的听众，给人以谦虚和沉稳的形象。

2. 优上加优，锦上添花

这里所说的优点，是以对方为中心的某些令人感兴趣的话题，最好是对方的优点或引以为傲的东西，如对方的相貌、知识、家庭、服饰、技艺等，只要你善于发现，并恰到好处地表达出你的赞美，往往能够取得意外的效果。

3. 投石问路，有的放矢

有些时候，由于不了解他人的喜好，难免会有难以启齿的感觉，这时候，投石问路不失为一种好方法，既可以使人感觉到你的尊重，又能明了对方的兴趣所在。通常情况下，可以先抛出一枚“小石子”，了解了具体情况时再适当发挥。比如在朋友聚会时看到陌生人时，可以先问他：“以前没见过您，您是主人的老乡吧？”通常情况下，人们都会回答，并且会礼貌地回问，三言两语之后，双方的陌生感便大大降低，甚至一扫而光，接下来的事情就顺理成章了。当然了，如果运用不当，这样的问话会给人造成“查户口”的印象，因此要掌握好其深度。

寻找共同点，注意交谈禁忌

两个萍水相逢的人要想在短暂的时间内，达到心灵上的共鸣，懂得说话至关重要。

我认识了一个人，对方脱口而出的话是：“哦，你是一个作家，你都写过哪些小说啊？”我一听这话，就知道对方对我的职业并不了解，就算要和他谈话，也最好谈论和我的职业无关的话题。

要是对方这么问我：“哦，你是一个作家，你是写小说还是别的啊？”我一听就知道对方有点懂行，大多数作者见面互相打听的第一个问题多半就是问对方的创作领域。我于是产生了和这个问话者深入交谈的兴趣，他可能理解我的职业。就算我们后来不一定讨论写作的问题，我也很愿意和他交谈，他更了解作家和写作，他能从一个作者喜闻乐见的角度阐释生活。因此，与陌生人初次交谈能否顺利，关键在于能否找到自己与陌生人之间的共同点。从共同点入手，往往使谈话更加顺利、愉快。否则，便是四目相对、局促无言，不仅当时感觉尴尬，还会成为以后继续交往的障碍。

寻找共同点，首先要善于观察对方的服饰、谈吐、行为举止等方面，从中捕获信息。如果不能从对方的外在看出什么“蛛丝马迹”，不妨直接以话试探。可以主动询问对方的籍贯、工作、兴趣爱好，从而为两人以后的交谈打好基础。但是在交谈过程中，也应把握好一定的分寸，如若问了一些出格的话，那么很可能会引起对方的不快，从而使交谈变得困难。

肖玉红毕业之后在一家规模较大的跨国公司上班。一天，在公司的大楼里，她遇到了一位来华旅游的美国姑娘。出于礼貌，肖玉红先向对方打了一声招呼，肖玉红认为，作为东道主，如果不与这位姑娘热情地寒暄几句，显然是不懂礼节。于是，肖玉红操着一口流利的英语，大大方方地与姑娘聊了起来。

在交谈过程中，肖玉红开口对姑娘说："你今年多大岁数呢？"姑娘听到这一句话，显然有些不悦，反问"你看我多大？"肖玉红似乎感觉有些不对劲，便转移了话题说："依你的年龄看，一定成家了吧！"结果，话题没有继续下去。姑娘冷冷地看了肖玉红一眼，把脸背了过去，不愿与肖玉红继续交谈下去。直到姑娘离开，俩人也没有再说一句话。

肖玉红与那位姑娘话不投机，主要是因为她在交谈过程中向对方提出了不恰当的问题，这个问题对女人而言纯属不宜向人打探的个人隐私。按照常规，对方是有权利拒绝回答的。

因此，在与人交谈的时候，我们应把握好以下分寸：

1．不要议论别人的短处

在与陌生人初次交谈时，提及自己和对方都很熟悉的第三者，这对缩短两人之间的距离是有利的。但是，此时千万不要谈论第三者的短处，因为这会给对方留下不好的印象，会使其担心你背后也许会议论他的短处，从而对你产生戒备心理。

2．没有调查就没有发言权，不要人云亦云

如果人家说东，你就说东，人家说西，你也跟着说西。这样会失去别人对你的信任，同时，也体现出你自己没有主见。

3．不要学"王婆"，自卖自夸

一句自卖自夸的话，往往是一颗丑恶的种子，一旦由你口中播人他人的心田，便会滋长出令人生厌的幼芽。所以，和陌生人初次交谈时，应该保持谦逊的态度。

4. 不要啰唆

“一锅豆腐磨不完，啰里啰唆招人烦。”如果你总是拿一件事情翻来覆去地说，会使人感觉乏味。一个词、一件事不管多么新鲜诱人，若出现过频，就会光彩大失。

5. 在合适的时候告辞

在双方谈话进行得兴高采烈、生动活泼的时候，你提出告辞是比较适宜的。而且应选择自己讲完话时，这样做，既可以省时间，又可使对方的留恋之情油然而生，萌生起一种企求能再次见面的欲望。

适度的自嘲化解尴尬

如果你才华极高，一旦出现意外失误，就会使被你比下去的人在无关紧要的事情上占了上风。这不仅满足了他们的虚荣心，也减少了他们对你的敌意。所以，如果你拥有较高才能，拿自己的缺点开个玩笑或者出现个意外的失误，会使你更受欢迎。

著名主持人杨澜，在其还担任《正大综艺》节目主持人时，曾被邀请为某市的一次大型文艺晚会担任主持人。出人意料的是，在晚会进行到中途时，杨澜在下台阶时不小心摔了下来。在这种大型场合出现如此情况，确实令人尴尬。但杨澜非常沉着地爬了起来，凭着她主持人特有的口才，对台下的观众说：“真是马有失蹄，人有失足呀。我刚才的狮子滚绣球的节目滚得还不熟练吧？看来这次演出的台阶不是那么好下哩！但台上的节目会很精彩的，不信，你们瞧他们。”杨澜这段自我解嘲式的即兴话语非常成功，不但使自己摆脱了难堪，更显示出了她非凡的口才。她话音刚落，会场就立刻爆发出热烈的掌声。

从心理学角度来讲，自嘲是一种幽默的生活态度，是聪明人的智慧火花；自嘲，是幽默的最高境界。自嘲也是高尚人格和自信的体现，它表现的是自嘲者的低姿态以及良好的修养。自嘲实际上是当事人采取的一种貌似消极、实为积极的促使交谈向好的方向转化的一种手段，所以，自嘲者敢于拿自己“开涮”，而不伤害任何人。可以说，它既是一种幽默的说话方式，也是一种幽默的生活态度和心理调节方式，能增加生活的乐趣，能解除尴尬，能拉近人与人之间的距离，它是一种人生智慧。

一般说来，没有人愿意成为大家取笑的对象。知道了这一点，你就能明白为什么有的人很容易逗别人乐了。大家都有一种潜意识里的优越感，在幽默者适度的自嘲中，人们感受到的是自己心里那隐约的优越感。因此，不用担心自嘲会让人知道你的短处，引来鄙夷的目光。他们会为你的勇敢和风趣而折腰，因为你不怕暴露自己，所以他们就会在心中对你解除防范，把你当成自己的朋友。

不过，自嘲虽然好处不少，但凡事不可过度，适度地自嘲可以缓和紧张的气氛，化解尴尬的场面，赢得他人的好感，但如果刻意自嘲或频繁使用它，就会给人以一种对自己的不尊重之感。而一个人自己不尊重自己，自然也得不到他人的尊重。

自嘲也不是自贬，特别是不能对大家公认的优点自我贬低，这样不但是在否定自己，也是在变相地否定他人的判断，这会让对方感到尴尬。因此，女人在自嘲时应把握好以下几点：

（1）自嘲要适度。自嘲仅仅是一种辅助性的表达手段，不可乱用，要避免引起别人的误解或伤害他人。

（2）自嘲所表现的意义一定要积极，给人一种启发性，避免给人留下没有道德、耍小聪明和嘴皮子的印象。那样，只会让大家觉得你浅薄无聊，“一点正经也没有”。

（3）自嘲要看好场合，在比较正式的场合，比如面试、开研讨会等场合尽量不要使用自嘲的方式，而应直白且诚恳地发表自己的观点。

（4）自嘲态度要慎重，目的要明确，不要遇到什么事情都用自嘲来解脱。比如消愁、逃避、讥讽，本着这样的心态来自嘲，最终只会使自己消沉下去。

自嘲是女人幽默的最高层次，口才好的女人取笑自己，可以消释误会，抹去苦恼，感动别人，并获得自尊自爱。

幽默的女人受欢迎

面对人际交往中的困窘，面对求人办事时的难堪，面对伴侣吵闹，恋人的不悦与拒绝，熟人朋友的刁难，上级的批评与指责……怎么办？是唉声叹气还是驱寒为暖、巧言相悦？这时你应该想到一个快乐的法宝——幽默，它会在你的生活中溅起快活的涟漪。

一天，李玲的老板在圆桌会议上气急败坏地大叫："这次促销如果又泡汤了，我要把你们一个个扔进海里喂鲨鱼……"这时，李玲缓缓地站起来，转身欲走，老板问："你要去哪里？"原先是要去洗手间的李玲即兴改口说："学游泳！"众人大笑，紧张的气氛马上缓和下来，老板也笑了："真是的，你以为我真的忍心把你们扔进海里……"

李玲使用的是即兴发挥幽默术，实际上她脑子里进行了一系列快速的思维活动。假定扔海里是真——喂鲨鱼要死——怕死——学游泳。也许是怕淹死，也许是怕被鲨鱼吃掉，但学游泳对逃避这两种危险肯定有用。经过这一系列的联想，她所说的话就有了幽默味，自然也引得众人大笑。

一般来说，幽默是一种引人发笑和发人深思的诙谐而滑稽的言行。幽默最能引发笑声，带来愉悦的氛围，在这样的环境中，烦恼变为欢畅，痛苦变为愉快，尴尬变为融洽。

一对夫妇结婚已经有十余年了，每个月他们都要给双方的父母寄生活费。这件事一直由丈夫承办。可是丈夫却每个月给自己的父母寄200元，给妻子的父母寄100元。妻子一直愤怒在心，却也不想因此而与丈夫闹矛盾。

以前，妻子每天下班，什么事都不干，总要先抱抱小女儿，亲抚半天。可这天回家后，她见到1岁半的小女儿正在摇车里哭，却假装什么也没看见，什么也没听到。她一反常态地走到5岁儿子的身旁，把儿子伸手抱了起来。

这一幕被从书房里出来的丈夫看见了，急忙喊道："女儿都哭成那样了，你怎么还不赶紧去哄哄她呢？"

妻子不紧不慢地说："这100块钱的，还是你来抱吧！我要抱200块钱的。"

聪明的妻子风趣而又不失原则地请丈夫进入了自己所预设的易位"圈套"，没有累续长篇地发牢骚，却弦外有音地暗示了事情的实质和自己的不满情绪。

以后每月丈夫也给妻子的父母寄200元了。

运用幽默语言进行善意的批评，既达到了批评的目的，又避免了使对方难堪的局面。幽默可谓是人际交往的润滑剂。学会恰当地运用幽默，会使人与人之间的沟通更加顺利，人际关系更加和谐。幽默是我们生活的调味料，它使我们的生活更加有滋有味。但是，再好的调味料都不可滥用，就好比用盐，用一点可以使菜味鲜美，但用得过多便会让人难以下咽。在沟通时，幽默要运用得当，方可发挥它的魅力。

那么，怎样培养幽默感呢？女人应该努力培养以下几种素质和能力。

1. 达观的人生态度

有人说："幽默属于乐观者和生活中的强者。"这话很有道理。幽默的谈吐是建立在女人思想健康、情趣高尚的基础之上的，对人提出善意的批评和规劝，就必然要求批评者有较高的思想境界和较佳的修养。一个心地狭窄、思想颓废的女人不会是幽默的人，也不会有幽默感。女人有了高尚的情操和乐观的信念，才能对一些不尽如人意的事泰然处之。

2. 良好的文化素养

一个女人的幽默谈吐是同她的聪明才智紧密相连的。如果一个女人对古今中外、天南地北的历史典故、风土人情等各种事情都有所了解和掌握，再加上较强的驾驭语言的能力，说话就会生动、活泼和谐趣。幽默并不是矫揉造作，而是自然的流露。有人非常有见地且深有感触地说："我本无心讲笑话，笑话自然从口出。"其中的道理正说明了这一点。如果一个女人对实际事物，对历史知识所知甚少，或者是孤陋寡闻、离群索居、深居简出，那么她是很难具备幽默的智慧的，当然也就谈不上有幽默感了。

3. 敏锐的观察力

反应迅速是幽默谈吐的特点之一，这就要求女人思维敏捷、能言善辩，要具备这两项能力，就需要女人对生活深刻体验和对事物认真观察。因为谈吐幽默，应做到意料之外，情理之中，必须能够把一件平凡的事物由里往外、由外往里看个透，一两句话道出那讳莫如深的引申之意，从人们熟视无睹的现象中创造出别人所不曾问津的东西。

4. 良好的沟通力

一个女人的幽默感与她的社会活动紧密相连，要使自己谈吐风趣，最好的办法是向生活学习。在跟各行各业的人聊天时，女人会发现他们运用语言之妙。在接近他们的过程中，女人要留心观察他们的言行举止，这样，时间一长，就会增强自己语言的库存和幽默的才能。

5. 对幽默感的掌控力

女人在与人的交往中要幽默风趣，但切忌出语油腔滑调或低级趣味。虽然我们不能苛刻地要求幽默的语言都有深刻的思想意义，但一定要健康，切莫庸俗、轻俘，更不能混同无聊的调笑。女人要知道，幽默的出发点应当是善意的。

让闲聊也有吸引力

男人爱侃，女人爱聊，日常生活中，女人聊天是一种常用的套近乎方式。一般来讲，聊天是没有明确目标的，但是，跟不同行为、不同辈分的人聊天，往往会得到许多新的信息，甚至使我们触类旁通，使有些久思不得其解的问题一下子豁然开朗起来。

另外，聊天还有调节心理、愉悦情怀的奇特功效。如果你有什么事愁闷不快的话，通过和熟人的闲聊，就可以一吐胸中闷气，开释情怀，平衡心理。

聊天为相识的人沟通思想，加深对对方生活、兴趣和经验的了解提供了交流的机会，也为不相识的人提供了交际机会。总之，聊天能联结友谊，密切交往，协调关系。可以说，聊天是人际交往中不可缺少的沟通方式。

当然，闲聊并不仅仅是打发时间那般简单，女人们应该注意的一点是，闲聊并不是随心所欲的发表言论，而要把握好分寸。其中最怕的是口无遮拦，甚至变本加厉，将自己变成采编人员兼播音员，有事没事就竖起耳朵，四处打听，然后把听到的添油加醋地转播出去。这种做法很危险！你要知道，纸是包不住火的！任何无厘头的花边新闻，迟早都会传到当事人的耳中，而受害者对传播“八卦新闻”的罪魁祸首的怨恨，迟早会发泄出来。

因此，在闲聊时应做到以下两点，如此才能避开聊天雷区，使你的人际关系网不断扩大。

1. 参与闲聊有技巧

闲聊时的第一步是做好听的准备，集中注意力，准备积极参与谈话。美国几位专家总结了参与闲聊的一些技巧，并把它概括成 SOFTEN，S 代表微笑（Smile），O 代表准备注意聆听的姿态（OpenPosture），F 代表身体前倾（ForwardLean），T 代表音调(Tone)，E 代表目光交流(EyeCommunication)，N 代表点头(Nod)。

（1）微笑。笑容是善意的使者，交谈时，微笑是友好和接受的标志。许多人只注意不停地谈话，而不注意脸上无所谓或不友好的表情。这会影响你们谈话的效果。因此，在谈话时，我们应适当地展示笑容，从而使交谈更有效。

（2）聆听的姿态。或许在你看来，聊天关键在于谈，而与身体姿势并无任何联系。其实不然，聆听的姿态作为非语言交流形式，意在告诉人们你已做好了接受别人谈话的准备。站立时，两脚平行放置，重心在两脚之间，这样就给人你稳稳站着而不敷衍了事的感觉。若双臂或双腿交叉放置则会给人不受尊重的感觉。

（3）身体前倾向讲话者而不是往后仰。当然不要离得太近，侵犯他人的空间，身体在交谈时不时前倾，既表示你在专心听讲又很轻松愉快。

（4）说话的音调不能太低，否则会使谈话复杂起来，也不要盲目地大喊大叫。

（5）聆听之时，目光要看着对方，不能东张西望，否则会被认为你没有专心听对方说话。

（6）如果再辅以点头等动作，别人就知道你对谈话内容很认可或很有兴趣。

2. 闲聊内容有讲究

成功的谈话不仅要选对话题，而且还得针对场合和聊天对象，这也是谈话时要注意的礼节。

虽然闲谈无法预料，但我们可以为这类即兴交谈做些准备。事先做好准备可以使谈话双方无拘无束，避免可怕的沉默，尤其是第一次会面。准备谈资的方法很多，你可以每天读一种报纸，每月读几本杂志，也要注意观察周围发生的事情、天气情况和文化动态等，还要跟踪关注本行业的最新消息。

当然了，根据人们的经验之谈，有些话题应极力避免。因为它可能会伤害他人，或者使听众不感兴趣而成为独角戏。如此也就没有交谈效果了。具体的如：

（1）单位的人事纠纷和涉及决策的积怨。

（2）个人的不幸。

（3）有争议的兴趣爱好。

（4）询问某人婚姻是否触礁。

（5）低级笑话。

（6）小道消息。

（7）争议性很大的问题。

（8）谈论别人的不幸福遭遇。

（9）谈论被解雇的朋友，而不表示同情。

（10）有关私生活的细节。

会说一口漂亮话，用言语赢得人心

会说话的女人说得人“笑”，不会说话的说得人“跳”。事实上也是如此，一个会说话的女人总是讨人喜欢的，同样的话，从她们的嘴里说出来就是一颗甜丝丝的糖果，而在那些不会说话的女人嘴里就是一把伤人的刀。

女人可以长得不漂亮，但是必须说得漂亮，无论什么时候，渊博的知识、良好的修养、文明的举止、优雅的谈吐、出口不凡的表达，一定可以让女人活得足够漂亮。人们也都喜欢会说话的女人，她们说出来的话总是能让人高兴地接受，听着心里也舒坦。比如：两个女人说同样一件事，其中一个说：“她皮肤很白，但是长得太胖了。”另一个则说：“她稍微有点胖，但是皮肤很白。”假如这两句话是说你的，你更喜欢哪一种说法呢？是不是后者让人感觉更舒服？可见，同样的一句话，只是稍微改变一下说法，就可产生完全不同的效果。

因此，女人要会说话，就要掌握各种说话的技巧和艺术，通过说话来展示自己的魅力，让大家都喜欢你。以下几点可供借鉴：

1. 恰到好处地说“谢谢”

“谢谢”这个词，很多时候都会使你产生意想不到的魅力。但你说“谢”字必须诚心诚意，并要让人感觉到这一点。道谢时要指名道姓并且直截了当，不要含混不清，也不要不好意思。要养成找机会感谢别人的习惯，尤其当别人没有想到时，一句出人意料的真心的感谢话，会让人满心欢喜。但要注意千万不要虚假客套，那样别人会感觉得出来，并且觉得不舒服。

2. 多赞美，多说高兴事

与他人相处时，应尽可能地赞美他人的优点，多谈愉快的事情。赞美和鼓励会使别人对你满怀好感和谢意。当然，吹捧和奉承是令人反感的。与别人谈话要使双方都感到愉悦，这样的谈话才可能很好地继续下去。

3. 表达不同意见要有策略

当你要表达不同意见的时候，千万不要认为只有自己最高明，当然也不要心里有意见，也不能人云亦云，而要诚恳地表达自己的看法，同时又不得罪人。这就要求你说话要温和委婉，尽量不要触怒对方，给对方足够的面子，同时也让他明白你的想法。

4. 善于了解对方的情感

只有在了解了对方的心理和情感的基础上，才有可能正确地选择该讲什么、不该讲什么，使对方与你产生共鸣，使说话的气氛变得轻松愉快。因此，我们在同别人谈话时，要根据对方的心理及时调整自己的心理和情感，注意自己的神态举止和措词，让别人乐于听你讲话。

5. 做一个高明的听众

虚心地听别人讲话，不光是听语言，还要听语调。一个会说话的女人往往也是一个高明的听众，如此对方才会愿意把你当作知心朋友，愿意向你吐露心扉。一个自高自大、目中无人的人，是不会受到欢迎的。

6. 善用身体语言

你的表情、手势甚至无意中的动作，都会对别人产生作用，你要注意这一点并加以适当运用。一种表情、一个手势、一声叹息等，会说话的人常常会用这些来代替难以说出的话或弥补语言的不足，表达难以言状的情感。但要注意恰到好处，否则就成了矫揉造作、自作多情了，那会让人厌恶的。

7. 措词尽量简洁高雅

不要讲让人难懂的词，不要滥用术语，不要说自己也不懂的话，同样的言词不可用得太频繁，不要运用流行语的口头禅，不要讲粗俗的话。你要尽量使用适合对方的话，多使用能使对方感觉轻松愉悦的话，尽量简明扼要地表达自己的意思。如果你在说话时能措词简洁、生动、高雅又贴切，那么你就会成为一位说话高手。

8. 说人不说短，恭维不过分

人群相聚，难免闲聊，天上的星河、地上的花草、昨天的消息、今日的新闻，往往都是绝好的谈资，何必非要东家长西家短地无事生非呢？同样，对人客气本是一大优点，但过分的客气就让人不舒服了，会让人觉得缺乏诚意。恭维他人的话也一样，一不能乱说，二不能不分对象地套用同一种说法，三不可多说。

9. 不可过分自夸

赞美的话，若出自别人的口，那才有价值。如果自己说了，别人会看不上你的。而且一般来说，人们总是对自己所经历的事情感兴趣，对与自己无关的事不会太关心，因此在与别人交谈时，尽量少谈自己，不要喋喋不休地夸耀自己的工作、生活、孩子等。除非双方都感兴趣，否则还是谈点别的话题为佳。

10. 开玩笑要适可而止

开玩笑不要过头，要懂得适可而止。不是说相熟的朋友在一起不可以开玩笑，但在开玩笑前，先要注意你所选择的人是否能接受得起你所开的玩笑。而且开玩笑，说几句话就罢了，不要无休无止，不可令对方难堪。因为开了一句玩笑而让大家不欢而散的话，那就没什么意思了。

11. 注意多充实自己

仅仅具备一般的谈话技巧是不够的，还要注意不断学习各方面的知识，多读多看多听。只有这样，你才能不断有新鲜的话题，而且不论同什么人都能进行饶有兴趣的谈话。

拒绝唠叨，有效沟通

要想做一个气场女人，就应该拒绝唠叨，否则周围的人看见你的第一反应就是逃离。或许在女人看来，自己的唠叨只是在提醒他人，是为了让他人变得更好。但是有没有想过，你的唠叨真是对方想要的吗?

著名专栏作家桃乐丝·迪克斯曾说过：“一个男人能不能从婚姻生活中得到幸福，他太太的脾气和性情比其他任何事情都重要。即使她拥有全天下的每一种美德，但如果她脾气暴躁、唠叨，那么她所有其他的美德便都等于零。”然而在生活中，我们却总能看到妻子追着丈夫絮絮叨叨，丈夫则“惜字如金”，最后说着说着就开始争吵。

丈夫拖着沉重的身子，一脸疲倦地回到家里。

妻：“你今天很累吧？”

夫：“嗯。”

妻：“吃过晚饭了吗？”

夫：“吃了。”

妻：“都吃了些什么，还饿不？”

夫：“不饿。”

妻：“明天准备怎么安排？”

夫：“还不知道。”

丈夫回到卧室，打开了电视机。妻子还在不停地和丈夫说话，丈夫一边看电视，一边心不在焉地答应着。

终于妻子有些火了，说：“你是块木头呀，能不能多说几句话。你什么意思呀，是不是烦我了，哼！这么快就给你追到手了，你当然不会珍惜。”

丈夫一听，也不相让，说：“你不知道我工作很累吗？回到家还这么唠叨，一点都不知道体谅我。”

妻子更生气了：“一回家就拉个驴脸，给谁看呢，你要是烦我了就明说，不想一起过就别过了。”

于是，两人开始争吵起来。

著名心理学家特曼博士对1500对夫妇做过详细调查。研究表明，在丈夫眼中，唠叨、挑剔是妻子最大的缺点。另外，著名研究机构盖洛普民意测验和詹森性情研究发现，任何一种个性都不会像唠叨、挑剔一样给家庭生活带来巨大的伤害，给人一种逃离的感觉。

其实，唠叨是一种心理问题，是源于妻子对婚姻的憧憬与现实的落差的无可奈何心理的反映。如果仔细观察，你就会发现爱唠叨的往往是那些不快乐、不幸福、抱怨多多的女人，因为得不到丈夫充分的关爱，就对婚姻产生失望的情绪，就会通过唠叨来表示对丈夫的诸多不满。可是女人必须了解，唠叨是一种错误的沟通方式，它不仅对你提出的问题无益，反而会引起丈夫的反感，还会时常让丈夫处于防备和自卫状态，以此逃避来自你的指责和干涉。

因此，女人应该减少唠叨，学会与丈夫有效地沟通，这对维护家庭的和谐是非常重要的，以下方法可供借鉴：

1. 合理安排生活

长期的疲乏往往会转换成一种唠叨的倾向，最好的方法就是把个人生活安排得更有效率一些，找出疲乏的原因，并消灭它。

2. 培养凡事只讲一遍的习惯

如果一个女人必须很不耐烦地提醒丈夫三四次，说他曾经答应过要一起做某件事，莫不如只认真地对他说一次。如果他现在已经做了，你就不用再浪费唇舌多说几遍了。

3. 找准时机说话

丈夫身心疲惫或者遇见烦心事的时候，妻子的唠叨就最易成为家庭矛盾的导火索。这时，你要为丈夫创造一个温馨的环境，夫妻之间的矛盾找准了时机再谈，就会缓和许多。

4. 培养幽默感

幽默能给人带来快乐，同样具有幽默感的女人能给家庭带来快乐。所以，女人要学会用幽默的态度对待生活中的不如意，这样夫妻之间也会在幽默之中找到快乐。

5. 疏导压抑性情绪

心理学家认为，压抑性的事情常常会造成女人的唠叨。婚姻的问题、事业的挫折、生活的不满等，面对生活中的诸多不如意，女人常常以唠叨、埋怨、诉苦的方式发泄出来，但女人要知道，以唠叨的方式来发泄，只不过是火上浇油而已。女人消除这些压抑性情绪的最佳途径是：分析自己的心理因素，找出这些问题的源头，并适当地疏导，发泄出来。

玩笑有分寸，才不会失去“笑”果

用玩笑来化解尴尬的女人总能受到众人的欢迎和喜爱，气场也自然强大。可开玩笑也要讲分寸，否则伤害人、得罪人而不自知，那才得不偿失。

某广告公司里有一位女员工小刘，她新婚不久就开始发福，原来纤瘦的身材逐渐胖了起来，或许是因为婚姻有了归属、生活稳定吧！

有一天，一位男同事的妻子来公司给丈夫送东西，不料与小刘相遇了，而小刘恰好与她是老朋友，大家聊了一会儿，男同事的妻子突然对小刘说：“哎呀，你怎么搞的呀，现在胖成这个样子，脸胖得都看不见眼睛了，再发展下去真的是不堪设想啦！”在场的所有人都大笑起来。

小刘的脸顿时沉了下去，没说一句话，转身离开了，等笑她胖的老朋友走了以后，小刘再也压不住心中的火气，她破口大骂。同事送走妻子回来后，见此情景立即赔不是，场面搞得十分尴尬。后来，小刘再也没有与同事的妻子来往过。

虽有点过但无伤大雅，这样的玩笑是可以开的，但故事中男同事的妻子与小刘开玩笑时的用词确实过了些，小刘难以接受也是情有可原的。

开玩笑要讲究尺度与分寸，双方关系再好，开玩笑也要注意别过火，以免恶语伤人。

当然，不要因为怕把玩笑开得过了火，就不与别人开玩笑，整天一本正经的，这样做没有太大的必要，毕竟玩笑在一定程度上可以帮助女人提升气场。那么，女人在开玩笑时应注意什么，才能使玩笑不失去“笑”果，同时又提升自己的气场呢?

1. 内容要高雅

笑料的内容取决于开玩笑者的思想情趣与文化修养。内容健康、格调高雅的笑料，不仅给对方启迪和精神的享受，也是对自己美好形象的有力塑造。

钢琴家波奇一次演出时，发现全场有一半座位空着，他对听众说：“朋友们，我发现这个城市的人们都很有钱，我看到你们每个人都买了两三张座位的票。”一语既出，引得全场的观众捧腹大笑。波奇这一玩笑给全场观众留下了很深的印象。

2. 态度要友善

与人为善是开玩笑的一个原则。开玩笑的过程是感情互相交流传递的过程，如果借着开玩笑对别人冷嘲热讽，发泄内心厌恶、不满的感情，那么迟早会被识破。也许有些人不如你口齿伶俐，表面上你占到上风，但别人会认为你不尊重他人，从而不愿与你交往。

3. 对象要区别开

同样一个玩笑，能对甲开，不一定能对乙开。人的身份、性格、心情不同，对玩笑的承受能力也不同。一般来说，晚辈不宜同长辈开玩笑；下级不宜同上级开玩笑。在同辈人之间开玩笑，还要掌握对方的性格、情绪等信息。

4. 场合要分清

美国前总统里根，在一次国会开会前，为了试试麦克风是否好使，张口便说：“先生们请注意，5 分钟之后，我将对苏联进行轰炸。”一语既出，满座哗然。里根在错误的场合、错误的时间，开了一个极为荒唐的玩笑。为此，前苏联政府提出了强烈抗议。

可见，在庄重严肃的场合不宜开玩笑。

总之，玩笑是要开的，但要开得适时，开得恰当，开得合理。

让生硬的拒绝变得委婉

生活中，总有些时候需要拒绝别人，但如果每次拒绝都带来隔阂，带来仇视敌意，那最后你必将成为孤家寡人，气场也会消失殆尽。因此，女人要学会委婉地拒绝，这样你的气场才不会被摧毁。

人都是有自尊心的，别人有求于你时，往往都带着惴惴不安的心理，如果一开口就说“不行”，势必会伤害对方的自尊心，引起对方强烈的反感，你的气场就会因此减弱；而如果话语中让对方感觉不到“不”的意思，这样的拒绝，不仅能收到良好的效果，你的气场也会因此而得到提升。

那么，女人在拒绝别人时，具体该怎么做呢？

1．找个借口

面对别人的请求，如果直言拒绝会伤害对方的自尊心，女人们就可以采取假托非个人的原因作为借口，让对方感到自己也很无奈，从而使对方易于接受。

2．先肯定再否定

拒绝总是令人不快的。“委婉”的目的无非是为了减轻彼此的心理负担，绝非故意拒绝对方。对于他人的话，人们总会有一定的情感反映，如果你先说一些让对方听了高兴的话，谈一些别人感兴趣的内容，然后再说一些拒绝的话，即使对方不愿听到拒绝的话，也能以欣然的心态接受你的婉拒。因为，当你先说了让对方高兴的话时，对方会有愉悦的心情，这时你再拒绝对方，愉悦的心情会减弱拒绝所带来的消极情绪。所以，在拒绝时，要学会先肯定对方条件的合理性，使其精神上得到一些满足，以减少因拒绝产生的不快和失望，然后再委婉地进行否定。

比如，一家公司的经理对另一家的厂长说："我们两家搞联营，你看怎么样？"厂长回答："这个设想很不错，只是目前条件还不够成熟。"这样的拒绝既没有让对方下不来台，同时也给自己留了后路。

3. 变被动为主动

不管怎么说，拒绝别人的要求总是被动的。而如果你不直接答复对方的要求，转为提出自己的建议让对方回答，往往就可以变被动为主动了。

比如，一位业绩卓著的室内设计师，对于用户不合实际的设想，他从不直截了当地说"不"，而是竭力引导他们接受自己的提议和看法。就像有一次，一位女用户想用一种不合适的花布做窗帘，这位设计师就先问对方想达到什么样的视觉效果，然后再大谈什么样的布料做窗帘才能与现代装饰达成最好的和谐，很快那个女用户便放弃了自己所选的花布料。

除了以上方法外，在拒绝别人时还应注意一些细节，比如，拒绝的时间一般是早拒绝比晚拒绝好，及早地拒绝可以让对方争取别的出路，无目的的拖拉是对他人的不负责，同时也会引起对方更为强烈的反感和不满；拒绝的地点最好不要选择公共场合。

总之，女人在拒绝别人时，不仅要考虑到对方可能产生的反应，还要注意运用准确恰当的措辞，如此才能让对方易于接受你的意见，又不会伤害对方的自尊心。

口不择言惹人厌，说话之前先动脑

“祸从口出”，“言多必失”，“谨于言，慎于行”等都在告诫我们说话一定要小心谨慎，切不可口无遮拦、口不择言。

《管子·形势解》中有这样一句话：“圣人择可言而后言，择可行而后行。”意思是说：圣贤之人在说话、行事之前总是要经过一番思密、谨慎的思索，而后言可言之言，放弃不可之辞，行当行之行，搁不妥不举。这句话告诫我们身处于世，只有谨言慎行，才是最机智的做法，否则，只会引起诸多的不快，损毁自己的气场。

有个人请客，开饭的时间快到了，还有一大半人没来，他心里很焦急，便自言自语地说：“怎么搞的，该来的客人还不来？”一些敏感的客人听到了，心想：“该来的没来，那我们是不是不该来？”于是，一部分人悄悄地走了。

主人看到后一着急，便说：“该来的不来，不该走的又走了。”剩下的客人一听，又想：“走了的是不该走的，那我们这些没走的倒是该走的了！”于是又走了一些人。

最后，只剩下一个跟主人较接近的朋友，看了这种尴尬的局面，就劝他说：“你说话前应先考虑一下，否则说错了，就不容易收回来了。”主人大叫冤枉，急忙解释说：“我并不是叫他们走哇！”朋友听了大火，说：“不是叫他们走，那就是叫我走了。”说完，头也不回地走了。

你看,故事中的主人就因为口不择言,以致出现如上连环性的“走客”误会。一般来说，口不择言乱说话的人有两种，一种是狂妄自大、出言不逊的人；而另一种就是心直口快、不顾后果说话的人。后一种人说话往往没有恶意，却会在无意中伤害别人，破坏自己的气场。

小彤是高材生，本科毕业保送硕士，硕士毕业以后本来还有念博士的计划，可是她找到了一份不错的工作，于是她成了某大公司的一位精英骨干。半年下来，小彤交到总部的工作计划和总结报告条理清楚、思路新颖，总部领导对她十分满意。然而，小彤部门的同事和小彤的顶头上司对她却颇有微辞，普遍反映说她说话让人不舒服。

比如，一次午餐的时候，小彤和同事一起去吃饭，闲话间说到北京的交通问题，在北京土生土长的小彤顺口发表评论：“北京这几年交通状况恶化，实在是因为外地来的大学生太多。我认为应该好好严格户口制度，一些二三流大学的家伙就不要给他们工作机会了。”小彤这么一说，在座几位同事的脸色都变得很难看。他们都是从外地到北京来发展的，听到此话心里自然不爽，觉得小彤太过狂妄。

其实，小彤也是有口无心，她自己的男友还是从西安来的呢，而他们的关系也已经到了谈婚论嫁的地步。但她却因忽略了别人的自尊，落得个孤立无援的悲哀处境。

由此可见，如果我们在说话时不经大脑，张口就来，就会导致无谓的误解，消减自己的气场。所以，在此奉劝那些自认为能说会道的女人们：要想提升自己的气场，就要注意话到嘴边留三分，三思而后“说”。

第六章
懂一点人情世故，做交际场上最亮的那颗星

“世事洞明皆学问，人情练达即文章”。女人要想让自己气场强大，就必须懂一点人情世故。因为人生不易，处世更难，唯有洞察社会，掌握世故，通晓人情，才能看清人间冷暖，才能在人生的征途上左右逢源！

放低姿态，提高你的人气

有人说："如果你无法成功，很多时候，问题并不是出在你不够努力，而是出在你无法在关键时刻放下身段。"身段是一个人自恃的身份，有家世的人觉得自己的身段高，有学问的人觉得自己不同凡响，有钱财的人觉得自己不同旁人，有名位、有才华的人，认为自己胜人一筹，并借此来抬高自己的身段，事实上若依赖这些作为身段，是非常不合时宜的。

生活中，很多人经常会有一种强烈的身份荣耀感，他们或以出生于一个良好家庭为荣，或以进入一所名牌大学读书为荣，或以有一份好工作为荣，或以身居高位为荣……使得自己在他人面前总是架子十足。其实在别人面前摆架子是一种愚蠢的行为，要知道一时的装腔作势只会让别人对你敢怒不敢言，而且摆架子很容易疏远彼此之间的关系，久而久之，亲朋好友也必定对你敬而远之，弄不好，自己还会臭名远扬。如此你的人生境界就很难有所提高，而且人生也必将处处受阻。相反，若一个人能放低姿态，就不仅可以赢得他人的好感，更为重要的是，放低姿态会助你飞得更高。

放低姿态是一种人生智慧。一个富有了仍然不忘看低自己的人，他将不会自傲和奢侈，从而淡化人们对自己的嫉妒心理，使自己在和谐的人际关系中继续发展；一个身居高位仍然看低自己的人，他将不会专横和贪婪，从而展示出自己的君子风度，让人们觉得可亲可敬。

在工作和生活中，我们常会见到这种现象：当有人做自我批评时，总会给人以诚实可信的印象，也会赢得大家的同情和支持。

压低自己便是相对地抬高了对方，自然会赢得他人的好感。这是因为，在通常情况下，人们总是希望自己受到重视。你一旦压低自己把对方抬到高处，就是克制自己的欲望而满足对方的需求，这当然显得你格外真诚。

比如在适当的场合，你可以谦虚地说：

“我在这方面和你差得远……”

“我怎么就不能……”

“我怎么就学不会呢？”

“你做的菜真好吃，这道菜我在家里怎么也做不好，你给我讲讲具体的做法……”

“你打字排版又快又好，学了多长时间？”“两个月。”“你学得可真快，我学了半年还不如你好。”

“你这歌唱得真棒，练了多少时间？”“几天吧。”“啊？这首歌，我在家练了半个月，总也唱不好。”

采用上述表达方式，即使你是“不善言辞”或“不善于称赞别人”的人，也能轻而易举地获得他人好感。

当然，放低姿态，看低自己，并不是鄙视自己，压抑自己，而是更加清醒地认识自己。放低姿态不是让我们低声下气、奉承谄媚，失去做人的原则，而是以一颗诚挚的心去对待人和事；不是自卑，也不是怯弱，而是清醒中的一种经营，是一种用低姿态获取高气场的智慧。

所以，在此希望广大的女性朋友们能够放低姿态，做一杆谦虚的稻谷，低下高昂的头，用“饱满的谷穗”证明自己的实力，用低姿态赢取强大的气场。

注意维护他人的面子

心理学家指出，在人际交往过程中，由于天性使然，每个人都希望给他人留下良好的个人印象，因此人们会表现出相对平时更为强烈的自尊心。当他们遭遇窘境甚至误入歧途时，其自尊心就会严重受挫，并变得异常敏感，如果这时候又有人使其下不了台，就会引起他们最为强烈的反感。

有一位年轻的女孩长得很胖，吃了不少的减肥药，但是一直以来都不见效果，为此她是大伤脑筋。有一天，她的同事王莉对她说："你吃了什么呀，像气儿吹似的，才几天工夫，又胖了一圈儿，比我家的小猪还好养活呢！"说完哈哈大笑。这个女孩一听，十分气愤，大声说："我胖碍着你什么了？不吃你，不喝你，真是狗拿耗子，多管闲事！"被别人大骂一顿，王莉感到很尴尬，但除了面红耳赤之外，却无言以对。

谁都有忌讳之处，如果这些被人当面说出来，无疑是打了人家一个耳光，太不给人留情面、留余地了，而揭人之短的人除了招致对方的怨恨外一无所得。在这里，王莉明知对方的短处，却还要一味地拿对方的弱点说事，触痛了对方的心理底线，这样必然伤害到对方的自尊，一个人自尊受到伤害了，就必然反击。

因此，女性朋友们在与人相处时，应做到时时处处考虑对方的面子。具体应从以下几方面做起：

1. 不扫对方的兴致

对方正在兴头上，你却不看时机、不讲技巧地站出来冷嘲热讽或是给其当头一棒，这无疑是当众给他泼凉水，会让对方觉得很没面子。即使对方涵养很好，不当场发作，也会破坏彼此之间的感情。

2. 不当众批评和指责

如果有意见或者建议，尽量不要在众人面前批评或指责，否则会伤害对方的自尊心。最好的办法是，私底下用委婉的方式提出，这样对方非但不会生气，还会发自内心地感激你。

3. 不揭对方的短处或隐私

俗话说，打人不打脸，说话不揭短。在人际交往中，我们应该尽量避免提及他人的缺点。

此外，我们还应该尽量对他人的某些隐私给予保护。毫无疑问，任何人都有其私密空间，而且是不容侵犯的。一旦这些隐私被“曝光”，人们往往会感到非常难堪，甚至怒不可遏。因此，在人际交往中，我们一定要尽量避免踏入这一雷区，必须要提及时，我们也应采用暗示的方法，对其点到为止，绝对不能过分，以免惹火烧身。

4. 不张扬对方的失误

“金无足赤，人无完人”，对于对方的失误，我们应该予以理解，不仅没有必要对此大加张扬，搞得天下皆知，也不应对别人的过失讥讽、嘲笑，随时拿出来当笑柄。我们应该做的，是善意地提醒，使对方意识到自己的失误，或者帮助对方避免这类情况的发生。这样一来，我们必将赢得对方的好感。

5. 不在人前逞能

在他人面前趾高气扬地逞能逞威风，就意味着你瞧不起他们，那样一来，无论你有没有真本事、真成绩，都会让对方觉得很没面子，进而鄙视或嫉恨于你。

6. 不“得理不饶人”

俗话说，得饶人处且饶人，尤其是一些无关紧要的小事，我们完全没有必要得理不饶人，使对方走投无路，如果一味地抓住对方的“小辫子”不放，不仅会引起对方的不快，甚至会逼得对方作“垂死挣扎”，到头来结果只会是鱼死网破，两败俱伤。

将心比心，为他人着想

人生在世，每个人都有自己扮演的角色，活着就需要以自己的角色与各种各样的人打交道。英国有句谚语说：“要想知道别人的鞋子合不合脚，穿上别人的鞋走一英里。”也就是说，我们要做到与别人相处融洽，就需设身处地地理解他人的情绪，感同身受地明白及体会身边人的处境及感受，并适当地回应其需要。

可是在现实生活中，我们经常会听到一些人抱怨：为什么别人不尊重我？为什么别人不理解我？在发出如此感叹之前，你是否问过自己：我做到理解别人了吗？我做到尊重别人了吗？

试着站在别人的角度去思考问题，站在别人的立场上去看待问题，你会有很多不同的发现，而且你会对事实有一个客观的评价，你会觉得很多事情的发生都很自然，都是合情合理的。也就是说理解别人和被别人理解确实是不容易的事，而“将心比心”则是理解的最好前提。

将心比心是一种能够站在别人的立场上设身处地、感同身受的能力。这种能力帮助你站在别人的位置上，去了解别人的感觉、需求、想法及行动。这不但意味着要去了解实情，也意味着用一种形式去正确地感受。

将心比心，为他人着想之所以会提升魅力，是因为它带给人许多心理上的好处，诸如个人的价值感、明晰度或者一种如释重负。

因此，在生活中女人要学会将心比心，遇到事情应常想：如果换成是我，我会怎么做呢？如果我是他的话，我的想法又会怎么样呢？如此一想，或许前一刻让你气愤的事情，下一刻就会让你觉得对方做得很对，说得很有道理。

当然了，将心比心并不同于同情心。如果你对别人有同情心，那么你感受到的是一种热情，但它仍然是你自己的感觉，你并不知道别人的感觉是什么。你只是感觉到别人不好受、寂寞、压抑、生气，你为他们这些感觉感到难过罢了。但是，如果你真能将心比心，那么你不单单会感觉难过，而且会把自己投射到别人的心田里，你完全能感受到别人真实的感觉，你能去体会。

所以说，将心比心，好说难做。难在真正将心比心，难在真正换位思考，难在真正付诸行动。如果在平凡的生活中能做到这一点，那么我们的家庭会幸福许多，夫妻会和睦相处，一切关系会融洽起来。生活是门艺术，如果每个人都能在守好自己本位的同时，多多给予他人关爱体贴，那么，生活就会迸发出绚丽的色彩，我们也会觉得生活充满了快乐和希望。

最后，我想说：女人对人应少一些冲动，多一些理智；少一些对立，多一些宽容；少一些怀疑，多一些信任；少一些埋怨，多一些理解。因为每一个人都有他的故事，每一个人都有他的经历，也许他得罪了你，让你感到很不如意，但你是否可以静下心来想一想：他那么做是不是有自己的难处，他是不是有很多不得已。再想一想：自己是不是哪里做得不够好。如此一来，既照顾了大局，又维护了两人之间的关系。距离适宜才有吸引力。

心理学家研究表明，人们离喜欢的人比离讨厌的人更近些，要好的人比一般熟人靠得更近些，从距离可以看出亲密程度。同样，你和对方的距离也会使他对你的态度产生影响。

比如，与朋友相处的有效空间距离为 213 ~ 366 厘米。小于这一空间给人以盛气凌人的印象；大于这一空间会使别人觉得你没礼貌，你也就不可能获得对方的好感。

一对夫妻整天生活在一起，妻子觉得丈夫懒惰的毛病难以让人忍受，晚上睡觉时的打呼噜声更是让她难以忍受。丈夫则觉得妻子一天到晚的唠叨快把他给逼疯了，于是夫妻两人因为对方的缺点而发生了争吵。妻子一气之下回了娘家。可是等到妻子气消了之后，却发现没有丈夫制造的杂物整理，总觉得少了点什么，等到晚上时，听不到呼噜声的她也常常惊醒，一整晚都睡不安稳。而丈夫也因为没有了妻子的唠叨声而觉得心烦意乱，坐立不安，开始想念妻子的唠叨声了。于是丈夫赶到丈母娘家，做出了低姿态，给了妻子一个台阶，两人又欢欢喜喜地把家归了。更为重要的是，经过这次争吵后的小别，夫妻两人都知道了彼此的重要性，感情变得更深了。

正所谓，“小别胜新婚”说的正是上例这两位了。因此，与人交往总要有个“度”，过之则烦，少之则陌生。

正如瑞士人希洛在他的《距离美学》中论述的那样：“如果以超然的态度去观赏大海汹涌的波涛，就会觉得它非常的美；但是，如果置身于现实生活波涛的威胁中，那怎样也不会感到它的美了。”人与人之间相处的感情美，又何尝不是如此呢？因此，在与人相交时女性朋友们要依据交际环境的不同、交际对象关系的亲疏进行距离调整，从而使自己的气场始终处于吸引他人的状态。

1. 亲密距离

这个交际距离允许存在身体上的接触，量化为 0 ~ 50 厘米，只有夫妻、情侣、极亲密的朋友或亲子的交际关系中才会产生。陌生人处于这个距离往往是在拥挤的公共场合迫不得已的情况下，在高峰期乘坐公交车或地铁的人肯定很有体会，对这种肌肤相亲的距离既讨厌又无奈。

2. 个人距离

在非正式的交谈中我们常用此距离，量化为 50 ~ 120 厘米。如果在路边和偶然相遇的一个老朋友交谈、在同学聚会上和同学聊天这个距离比较合适，既亲切又不过分亲密。

3. 礼仪距离

用于个人社交和商贸谈判中，量化为1.2～3.6米。商店的营业员隔着柜台接待顾客、贸易代表隔着谈判桌进行业务洽谈等都属于这个范围。这时目光的交流就起到了在一定的距离下沟通双方的作用。

4. 公众距离

这是公开演说时演说者与听众所保持的距离。其近范围为约3.6～7.6米，远范围在7.6米之外。这是一个几乎能容纳一切人的“门户开放”的空间，人们完全可以对处于空间的其他人“视而不见”，不予交往，因为相互之间未必发生一定联系。因此，这个空间的交往，大多是当众演讲之类，当演讲者试图与一个特定的听众谈话时，他必须走下讲台，使两个人的距离缩短为个人距离或社交距离，才能够实现有效沟通。

同时，还值得注意的是：对异性谈话比对同性相距远一点。对性格内向的人比对性格外向的人要保持较远些的距离。

要想被人喜欢，先学会喜欢别人

每个人都愿意成为一个被别人喜欢的人。然而让别人喜欢和喜欢别人是互为因果的事，周围的人你都不喜欢，你一定为周围的人所讨厌，因此，改变一下态度，先学会喜欢别人，再去接近别人。

美国社会心理学家阿伦森与林德请了许多被试者分四组来参加一项实验，其中一位被试者实际上是研究者的助手，也就是说假被试者，研究者安排这名假被试者担当这些被试者的临时负责人。在每次的休息时间，这名助手都会离开被试者，到研究主持者的办公室向其汇报情况，其中会谈到对其他被试者的印象和评价，被试者的休息室与研究主持者的办公室只有一墙之隔，虽然两人压低声音谈话，但是实验以巧妙的安排，让被试者每次都能清楚地听到别人怎样评价自己。

具体有四种情境：肯定——让第一组被试者始终得到好的评价：假被试者从一开始就用欣赏的语气说他们如何如何好，他如何如何喜欢他们；否定——对于第二组被试者，假被试者从始至终都对他们持否定态度；提高——对第三组，前几次评价是否定的，后几次则由否定逐渐转向肯定；降低——对第四组，前几次评价是肯定的，后几次则从肯定逐渐转向否定。

当研究者问所有被试者在多大程度上喜欢这个助手时，让被试者们从−10到+10的量表上标出答案，结果发现，喜欢程度的平均分：第一组得分是+6.42，第二组为+2.52，第三组为+7.67，第四组为+0.87。

研究者认为，前两组的表现说明了人际吸引中的“交互性原则”，即你肯定别人，别人也喜欢你；你否定别人，别人也不喜欢你。对此，心理学家霍曼斯进一步指出，人与人之间的交往本质上是一个社会交换过程。只有当一种关系对人们来说是值得的，人们之间的交往行为才会出现，人际关系才可以建立和维持。

福克纳也证实，人天生有一种酬答的倾向：“我们都是社会的产物，因此社会影响力会发挥作用。我们会对权威做出反应，留意友善，尝试着酬答对方，达成我们的承诺。”

可见，在人际交往中的喜欢与厌恶、接近与疏远是相互的，在一般情况下，喜欢我们的人，我们才会喜欢他们；愿意接近我们的人，我们才愿意去接近。而对于疏远我们、厌恶我们的人，我们的反应也是相应的，对他们也会疏远和厌恶。

杨洁曾经在一家电器商店里做暑期工。一天，有一位老人拿着一款手机向她请求帮助。那是一款具备了MP3、MP4、照相机、手写、上网等各种功能的手机，但是老人不知怎么使用。杨洁认为这是世界上再简单不过的事了，因此在与老人交谈中，她显得很不友善，明显地表露出：你简直是个技术白痴。

可是让杨洁怎么也没有想到的是，当她走进教室去上她的第一堂心理学课时，发现授课的教授正是那位老人。不幸的是，教授也清楚地记得杨洁。此后，杨洁一直都觉得对不起教授，心存愧疚，教授对她的印象也是在很久之后才有所改观。

人类的本性决定了与人为善是受人喜爱的先决条件。戴伯特曾经说：“如果你要传递信息，你首先必须说服聆听者，让他相信你代表的是温暖、舒适和安全。我们与人沟通时，聆听者的门卫防范严密，好像在问这人是朋友还是敌人？”

毕竟，人的本能是以善报善。如果你感觉某人喜欢你，你很有可能也会喜欢对方。友情便由此产生了。那么，如果你想拥有强大的气场，想让众人喜欢你，其中不可缺少的一个环节就是先赢得别人的喜欢，因为赢得别人的喜欢，你才能处处受欢迎，但要做到这一点，你首先要学会喜欢别人。只有学会喜欢别人，别人才会喜欢你。

根据色彩反映的性格特征与人交往

无论是在青翠欲滴的山脚下，纷繁流动的人群中，还是钢筋水泥的都市丛林里，无论何时何地，双眼总让我们看到充满色彩的美丽世界。色彩通过眼睛反馈给大脑，让大脑感知色彩的能量，色彩处处赋予世界美丽的面容，当然了，不同的颜色也会给人的情绪带来一定的影响。

在日本的某家工厂里，工人们连连抱怨装满了产品的黑色金属箱搬不动，还说“累得腰都要折了”，公司于是就把所有的箱子漆成了浅绿色，而结果是工人们纷纷反映说“这次箱子变轻了，比以前好搬多了”。他们都以为工作量减轻了。

其实物品的重量并没有变，仅仅是改变了一下颜色而已。这样做却会让工人们在心理上感到轻松，由此可以看出，颜色不单单是一种色彩的呈现，更是一种情感语言，它所表达的是人类生命中某些极小的感受。

当人们看到某种颜色时，便不由自主地联想到在生活经历中所遇到过的与此相关的感觉，从而引起心理上的共鸣。可以说，色彩对改善人们的心理起着巨大的作用，利用色彩来强化或削弱人们的生理、心理、情趣的审美的做法随处可见。而且颜色也能反映一个人的性格，因此女人应了解喜欢每种颜色的人的性格特征以及如何与之交往，如此才能使你的人际交往更加顺利。

1. 喜欢红色的人

他们性格积极，喜欢社交，热爱生活，总是一副精力充沛的样子。他们做事目的性强，重视力量对比关系，对派别斗争敏感。成功欲望强，有领导能力。他们想法直率独断，很容易与周围的人发生冲突。决断迅速且行动快，变化多端，给人以任性的印象。由于其亲切并热心肠，容易被团队中的其他人所依赖和仰慕。

交往策略：这类人性格开朗富有活力，因为他们爱照顾人，所以当工作遭受挫折或是生活上有烦恼时都可以去找他们，相信他们定会愉快地伸手相助。不过这类人有稍显幼稚的一面，如果一直不受人瞩目，他们就会内心不快。所以与他们交往时一定要给足面子，表示自己的忠诚也非常重要。与他们发生冲突时，如何顾及其颜面也是化解矛盾的关键所在。

2. 喜欢蓝色的人

他们比较讨厌变化，喜欢平和安定的生活。尊重道德、秩序和规则，工作踏实，勤勤恳恳。做人做事慎重有戒备心，不会参与新鲜的、未知的事情。他们一般缺乏个性，容易陷入某种条条框框中。善于保持协调，配合意识强，善解人意，在团队合作性质的工作中，他们能发挥很好的作用。这类人不论男女都属于稳重、体贴的好朋友、好恋人和好配偶。但是，如果遭到背叛，心灵受到伤害，在短时间内却很难恢复。

交往策略：这类人沉着冷静，处理事情时注重分析，所以你在与之打交道时，不能感情用事，那样只会让对方轻视你，最好是有理有据。

如果对方是上级，他们会讨厌牵强附会的解释和论述不深入的报告，所以如果你偷懒、图省事马上就会被发现。较好的应对方法是一旦有不明白的地方就当场问他，寻求帮助。

如果对方是下属，因为他们道德感和责任心强，所以批评时最好不要带有感情色彩。这类人办事有条理，有工作能力，但因为认真，容易形成思维死角，有时反而会事倍功半。所以在给其安排同事或合作伙伴时应尽量挑选不同特质的人员，或者交给他外出谈生意的工作，增加他与外界接触的机会，这样就会产生良好的促进作用。

3. 喜欢黄色的人

他们一般知识广博，相当自信，有修养，关心社会问题基于切身问题，喜欢追求崇高的理想，尤其热衷社会运动。他们兴趣广泛，喜欢新鲜事物，总是在不断寻找感兴趣的东西，并沉迷于其中，常把目光投向新东西。他们头脑灵活，想像力丰富，总有奇特的创意和想法。

他们不爱拘束，好自作主张，不善于照顾别人，想到什么就说什么，容易被周围的人看成是任性而遭到疏远。但由于他们朴实、大方，所以无论和什么人都能友好相处。

交往策略：这类人爱好交际，喜欢开玩笑，健谈，善于制造气氛。喜欢新鲜事物，同时有喜新厌旧的一面，因此会凭一个念头突然改变想法，让周围的人大吃一惊。有时被认为轻薄不负责任而遭到疏远，但实际上本性正直，只不过行为上有些粗犷和不拘小节。如果你能忍受他的无拘无束，还算是个容易相处的人。当然了，这类人经常尝试新的东西，反复纠正错误探索新路。对此，需要你有力的支持，而不要横加干涉和指责。

4. 喜欢绿色的人

绿色是大自然的颜色，象征着和平。喜欢这一颜色的人，社会意识比较强，态度认真。他们大都可以和周围的人和睦相处，但是警惕性非常高。喜欢绿色的人社交能力强，但在心里他们不愿相信任何人。虽然喜欢与人相处，但他们更希望能够在大自然与动物一起过着恬静的生活。

喜欢绿色的人待人礼貌，个性率真，基本不会掩饰内心的想法。他们会把自己的信念表达出来，并为了信念而努力。当问到自己的信念时，一般人都不太愿意说出来，但喜欢绿色的人却毫不掩饰。

喜欢绿色的人好奇心重，但不会积极采取行动，大多时候都要等别人的召唤再一起行动。这就是说，他们很少喜欢当领头羊。另外，喜欢绿色的人还很敏感，会深入思考，把问题分析得很透彻。判断和分析事物时注重合理性。克制力强，一贯保持冷静沉着，缺少行动力。

交往策略：这类人是理想主义者，注重目标的完成，做事善于事先制订详细的计划，不过，当计划被打乱时速度会被放缓。作为领导的他们，指挥部下有方，但当与人发生争执或团队合作瓦解的时候，他们中的不少人都会表现得无所适从。

如果想跟这种上司友好相处，就应该求同存异，重视协调。失败的时候也不要找借口、发牢骚。不然即使他们刚才还很冷静，在你开始发牢骚的一瞬间，态度也会突然发生变化。如果对方是下属的话，安排工作时应只讲要点，其他全权交给他去处理，工作才有望顺利开展。

5. 喜欢紫色的人

喜欢紫色的人感受力和创造力丰富，观察力优异，多数人具有天生的艺术才能。他们虽然自认平凡，但相当有个性，容易表现出“我和你们不一样”的傲慢态度。当他们的自尊心受伤害时会变得歇斯底里。

交往策略：喜欢这种颜色的人，可以说是艺术家类型的人，他们的内心强烈渴求世人肯定他们的才能，有时会显得过于虚荣，装饰过度。与这样的人交往，不妨多对他们的想法或行为抱以掌声。他们有时会出现一些一般人不太理解的想法或举动，对此我们也需要给予认可。

由于他们平时内向又性情不定，旁人很难捉摸他们真正的想法，因此，与之交往时，还要多些耐心。

6. 喜欢茶色的人

他们性情稳定，有责任感，办事周到彻底，因而深受周围人的信任。又由于他们充满献身精神，不能容忍不负责任的行为，所以有时会被别人乘机钻空子。

交往策略：由于喜欢茶色性格的人责任感强，因此，我们在与之交往、与他们合作或交付任务给他们时，应该对他们给予充分的信任。对他们的奉献行为，我们须给予赞赏，以激励他们再接再厉。

如果我们有这样的朋友，还需要你在身边提醒他不要过于看重荣誉和外在的光环。

7. 喜欢灰色的人

他们温和好静，喜欢风平浪静的生活。表面上给人的感觉是他们的人际关系处理得不错，实际上他们在内心深处很不喜欢被别人干涉。他们会把工作和私生活分得很清楚，不喜欢同别人深交，给人一种神秘人士的印象。

交往策略：由于他们不喜欢与人深交，因此，在与这类人相处时，注意与之保持一定的距离。如果你一不小心触犯了他们的心理禁区，想必有你的苦头吃。

他们喜欢平静的生活，如果你想要与之亲近时，灯红酒绿、大鱼大肉的接待方式不会受到他们的欢迎，也许家里的几盘小炒就能打动他们。

8. 喜欢黑色的人

这种人一般喜欢安静，不好社交，做事有原则。讨厌被别人指挥，喜欢关在自己的小世界里独处。神秘主义的倾向比喜欢灰色的人更明显。容易被人看做是城府深或是性格怪异。神经敏锐，感受力强，但欠缺幽默感，有时对人冷淡，显得孤傲。

交往策略：因其不爱社交也讨厌谈论私生活，所以与他们交谈时，话题最好限定在公共话题范围以内。他们较难敞开心扉，对此你也要习以为常，不要过多地追问或试图去弄明白。如果你想要对他们作进一步的了解，可以通过一些间接的途径，而不要直接去问。

9. 喜欢白色的人

白色象征单纯，代表神圣、理想。偏爱白色的人大多不会将自己的感情清楚地流露在外，看待事物也不会被外表的光辉璀璨所迷惑，会进一步探索内在的本质。他们为人低调，不好表现，即便他们有着不少突出的优点。他们个性实在，做事努力认真，责任感强，所以深受人们信赖。

交往策略: 虽然喜欢白色的人不像喜欢红色的人那么热情奔放，但在内心上，他们是一样的火热。因此，如果你在工作或生活上有麻烦或问题时，大可放心去请教这类人。如果是你隐秘的事情，他们还会注意为你保守秘密。注意不要故意欺骗喜欢这种颜色的人，否则让他们伤了心的话，较难回头。

打造亲和力，赢得尊重和支持

拥有亲和力的女人，更容易赢得别人的爱戴。在人际交往中，具有亲和力的女人不俗不媚，宽容随和，通情达理，无论何时何地都是广受欢迎的。有人说亲和力是女人与生俱来的一种优势，但是很多女人因为自己身份或者地位的改变，而把亲和力丢了，说话颐指气使，甚至指手画脚，慢慢地也就与别人的关系疏远了。殊不知，亲和力才是赢得尊重和支持的法宝。一家工厂面向社会招聘厂长，其中一位四十多岁的女士获得了大家的一致好评，最后胜出。让我们看看她在应聘过程中的表现：

问："你是个外行，靠什么治厂，怎样调动起大家的积极性？"

答："论管理企业我并不认为自己是外行，何况我们厂还有那么多懂管理的干部和技术高超的老工人，有许多朝气蓬勃、勇于上进的年轻人。我上任后，把老师傅请回来，把年轻人的工作、学习和生活安排好，让每个人都干得有劲，玩得舒畅，把工厂当成自己的家。"

问："咱们厂不景气，去年一年没发奖金，我要求调走，你上任后能放我走吗？"

答："你要求调走，是因为工厂办得不好，如果把工厂办好了，我相信你就不走了。如果你选我当厂长，我先请你留下看半年有无起色再说。"

话音刚落，全场立即掌声四起。

问："现在正议论机构和人员精简，你来了以后要减多少人？"

答："调整干部结构是大势所趋，现在科室的干部显得人多，原因是事少，如果事情多了，人手就不够了。我来以后，第一目的不是减人，而是扩大业务、发展事业……"

问："我是一名女工，现在怀孕七个多月了，还让我在车间里站着干活，你说这合理吗？"

答："我也是女人，也怀孕生过孩子，知道哪个合理，哪个不合理，合理的要坚持，不合理的一定改正。"

女工们立即活跃了起来。有的激动地说："我们大多是女工，真需要一位体贴、关心我们疾苦的厂长啊！"

由此可见，亲和力就是放低自己的姿态，平等地与别人沟通交流，这是一种心与心的平等和互惠。所以，不管你身处什么职位，手下有多少人，都不能失去亲和力。如果你孤芳自赏，那么生活除了能让你自我陶醉之外，没有任何意义，而且还会失去别人对你的支持和尊重。

积极获取好人缘

人缘好的人，社会形象就好，公众评价也高，气场自然也强，办同一件事，往往比别人更容易得到理解、支持、信任和帮助。

静怡毕业于一所重点大学，在校期间她就是一名非常优秀的学生干部，并且乐于与同学来往，结交了很多好朋友。

静怡毕业以后，与朋友合作，创办了一家公司，刚开始红红火火的，赚了一些钱。静怡就把这些钱投资到一个自己很看好的项目上。但没想到资金回来得很慢，公司资金周转出现问题。

听说静怡遇到了困难，朋友们都倾囊相助，帮助静怡渡过了难关。最终，这个项目让静怡赚到了不少钱，她不仅还清了向朋友们所借的钱，还让公司因此而资产翻倍。

由此，女人有了好人缘，不仅可以帮助你获得新的信息，有时还可以获得直接帮助。在逐渐建立人缘的过程中，你自然也通过人缘关系给别人以许多帮助，从而使人更亲近你、佩服你，从此你就与那些帮助过你的和你帮助过的人建立了浓厚的感情，不断交往，因而形成比较稳定的人际关系。那么女人应如何获得好人缘呢？以下几点可供借鉴：

1. 要有容忍之心

大肚能容，容天下难容之事；笑口常开，笑世间可笑之人。这副对联很耐人寻味。其实女人这一辈子实在不容易。人事纠葛，牵丝攀藤，盘根错节。世态百味，甜酸苦辣，难以胜数。人际关系中，有时发生矛盾，心存芥蒂，产生隔阂，个中情结，剪不断，理还乱，当何以处之？

一种方法是“冤家路窄”，小肚鸡肠，耿耿于怀；另一种方法，倒是冤家宜解不宜结，“相逢一笑泯恩仇”。毫无疑问，后一种态度是值得称道的。

2. 不要太小气

在处理人际关系时，不能待人苛刻，使小心眼，“睚眦必报”。别人成功了，不能眼红，不能嫉妒；别人有了不幸，不能幸灾乐祸，落井下石，更不能给人“穿小鞋”。

3. 要善解人意

要关心人，爱护人，尊重人，理解人。人与人相处，应当减少“火药味”，增加人情味。

人都有三灾六难，五伤七疾，人吃五谷杂粮，哪能没有一点疾痛。你能在人家困难的时候，善解人意，急人所难，伸出友谊之手，替人家排忧解难，就是功德无量的好事。

4. 要想人缘好，还要靠近“好人缘”

有时候你可能有过这样的感觉，就是某某人在单位内很受欢迎，领导喜欢他，同事也喜欢他，很有人缘。而有些人则是很少有人喜欢他，而且他也不喜欢别人，人缘很差。

其实这就是我们常说的“人缘儿”和“嫌弃儿”，也是心理学中的术语，是用以表明一个社会成员被其他成员接受的程度。

一般而言，大家都比较喜欢“人缘儿”。而他受到大家普遍喜爱的原因则是千差万别：或是因为他诚实可信，值得依赖；或是因为他沉稳老练，办事踏实；或是因为他知识丰富；或是因为他机警灵活，善处人际关系；或是因为他是“重量级人物”等。总之，他有某一方面或者多方面被大多数人认可和接受。

古语有言：近朱者赤。因此，女人在选择朋友、建立自己的人际关系网时，最好能选择“人缘儿”，而且能使“人缘儿”与你之间的关系越密切越好。能够把“人缘儿”吸收到你的人际关系网络中，使其成为你要好的朋友，无形中就大大增强了你的人际关系网络的能量。如此一来，你的气场就会变得更为强大。

总之，有人缘的女人，身上自然带有一种魅力，一种气场，吸引众人眼球，想不受欢迎都难。但女人也应明白，想拥有好人缘就必须做必要的感情投资，并且精心维护。

“糊涂”女人最赢人气

“糊涂”是一种为人处世的智慧，有智慧的女人总是懂得运用“糊涂”来增强自己的气场，赢得更多人的喜爱和好感。

什么是“糊涂”女人呢？“糊涂”女人在别人看来不太会张扬，从来都是老老实实、稳稳当当的。“糊涂”女人天生不太会说谎，有一不会说二，应变能力和其他的所谓精明女人比起来显得稍差；精明的女人就不一样了，只要需要撒谎，说出来绝不脸红，反应极快。“糊涂”女人不会算计生活，比如说“糊涂”女人与他人碰上同样喜欢的东西，只此一件，退出的肯定是“糊涂”女人。“糊涂”女人不习惯争执；精明的女人自然不会这么傻，精明的她会去算计一切，包括爱情。“糊涂”女人对什么都很认真，跟她说什么都相信，只是有些东西她绝不会轻信第二次。“糊涂”女人做任何事，都先想着别人，到最后才想到自己；相反，在精明的女人眼里，自己永远是第一位的。

“糊涂”女人从来不会耍手腕，她会为自己拥有的一点点东西而高兴地傻笑不止，所以“糊涂”女人显得很容易满足。精明的女人绝不会这么容易对付。精明的女人做事情的目的性总是很强，她会利用一切可利用的，得到自己想要的东西。

表面上看来，“糊涂”女人似乎处处不如精明女人，但“糊涂”女人最终却总能得到幸福。俗话说，“傻人有傻福”。“糊涂”女人有疼她、爱她的丈夫，有融洽的人际关系，有安逸舒适的生活。“糊涂”女人因为亲和，人们总会自然不自然地靠近她；因为单纯，人们不会像防诡计多端的精明女人一样去防着她；“糊涂”女人实在，为人厚道，人们自然会真心实意地对待她。“糊涂”女人不懂什么是欺骗，也根本用不着。“糊涂”女人因为“糊涂”，所以总是在付出，精明的女人因为太过精明，所以总是在索取；“糊涂”女人越给别人，自己反而越多，精明女人越争夺，自己的却越少。“糊涂”女人什么都不抢，所以别人愿意让着她；精明女人什么都争，所以她争的同时，也激起了别人抢夺的欲望。“糊涂”女人“糊涂”得天然，精明女人总觉得自己精明，所以事事都要聪明，到头来才发觉，其实谁都不比自己傻。“糊涂”女人自然不做作，男人都想娶“糊涂”女人而远离精明的女人。男人喜欢“糊涂”女人的没心眼，愿意把感情投入其中，而不会担心被骗。男人情愿给容易满足的“糊涂”女人更多满足，而不愿意给欲壑难填的精明女人一点希望。男人喜欢“糊涂”女人对人的信任感，这样的女人懂事不纠缠，用不着有事没事地解释不完，也不用像对付猎人一样感到害怕。总之，在男人眼里，“糊涂”女人的傻是他们的爱，他们甘愿被傻里傻气的女人调遣，也决不去招惹聪明绝顶的女人。男人更愿意给“糊涂”女人一个温暖而又富足的家，因为她不会软硬兼施地逼迫或威胁男人。男人感觉对她的爱来得自然简单，所以男人心甘情愿成就“糊涂”女人的幸福。

女人的“糊涂”其实是一种境界，说到底，靠的还是自身的领悟。

有时候我们退让，我们表现得“糊涂”，并不是忍气吞声，而是为了更好地防守。“糊涂”的女人容易感到幸福，也离幸福最近。因为“糊涂”的女人都有颗极其简单的心。

“糊涂”的女人都是聪明的女人，她不会把所有的事情都探究得一清二楚，懂得留一半清醒留一半醉，也正因此，人们更愿意与她交往。所以，女人不妨在一些小事上装装“糊涂”，这样你势必能博得更多人的喜爱和欢迎。

吃亏是福心中留

现实生活中，许多女人都奉行“什么都能吃，但亏不能吃”的原则，一旦吃了亏，就愤愤不平，而占了便宜，便会沾沾自喜，觉得自己运气不错。而人们对这类女人一般没有什么好感，都是能避则避，能躲则躲。相反，那些在生活和工作中不斤斤计较、善于吃亏的女人则易受到人们的欢迎和喜爱，人们愿意与她们交往，她们的气场自然就会强大。而且很多时候，吃亏也并非是坏事。

李静大学刚毕业就进入出版社做编辑，她的文笔很好，工作态度也相当端正。

那段时间，出版社正在进行一套丛书的编辑，每个人都很忙，但社长并没有增加人手的打算，于是，经常派遣编辑部的员工去业务部和出版部帮忙。但那些老员工是不会去的，只有像李静这样的新员工，才会被一次次地安排。

几次派遣之后，同来的几个女孩都开始抱怨起来，找借口不愿意再过去。但李静却总是毫无怨言地跑来跑去。事实上也看不出她有什么便宜可占，因为她总是干一些诸如包书之类的体力活，像个苦工一样。但李静与业务部和出版部的每个人都建立了良好的关系。

后来，李静又去了业务部，直接与客户对接，洽谈生意。此外，她还经常帮忙干一些取稿、邮寄之类的工作，反正只要有人开口，她都乐意帮忙。同事们在佩服李静任劳任怨的工作态度的同时，也暗地里笑她太傻。

两年后，李静辞职，创办了自己的图书公司。原来她在“吃亏”

的时候，不仅与同事们建立了良好的关系，还把一家出版社的编辑、发行、直销等业务都弄清楚了，所以，公司的运营和发展都很顺利。

可见，吃亏并非如我们所想的那般糟糕，反倒是许多女人因为害怕吃亏，而使自己陷入一种困苦的境地中。

因为怕吃亏，就会常常为一些鸡毛蒜皮的小事而斤斤计较；做一点点的事，就想着立竿见影地得到最大限度的回报；付出一点点，就会四处宣扬，处处表现自己，生怕别人忽视……结果搞得人际关系紧张，工作不愉快，并且时常处在失望的状态中，气场也变得消极，使人不愿意靠近。

有一个丝毫不愿吃亏的女人总是频繁地跳槽，而每一次的理由都是：同事们不友善。其实，她刚到公司的时候，大家还相处得不错，可是随着彼此间慢慢地了解，愿与她交往的同事也越来越少。之所以会造成这种境况是与她那斤斤计较、爱占小便宜却不愿吃亏的个性分不开的。

就像平常，每周五下午都会打扫办公室，可是就在所有人都拿着拖布、抹布擦擦洗洗的时候，很难找到她的身影，但是等到打扫完卫生，第一个离开办公室的总会是她。而且任何一件超出她工作范围的事她都不会做，即使被迫做了，也是抱怨连连。一次新产品发布会上，由于人手不够，她被调派过去帮忙，结果她的抱怨从接到任务的那一刻整整持续了一个月。这使得同事们一看见她就觉得一个脑袋两个大，自然是能避则避，能躲则躲。大家也都觉得她不是一个可以深交之人，因此抛开工作，她与同事们如同陌路一般。

可见，女人要想提升自己的气场，要想得到众人的喜爱和欢迎，就不能一味地斤斤计较，而要有远见，学会吃亏，善于吃亏。这样，你能受到人们的尊重，人们也乐意去帮助你，你的气场也会在一次次的吃亏中得到不断的提升，变得越来越强大。

女人要善于与陌生人交往

按照信纳德·佐宁博士在《交际》一书中的观点，陌生人之间接触的头4分钟是至关重要的。“当你在社交场合中遇到陌生人，你应把注意力集中在他身上4分钟。很多人的生活将因此而改变。”

因此，要想成为一个有气场的女人，就必须锻炼自己与陌生人交往的能力。而与陌生人交往最有效的途径就是迅速找到自己与陌生人的共同点。那么，怎样才能找到自己与陌生人的共同点呢？

1. 察言观色，寻找共同点

一个人的心理状态、精神追求、生活爱好等，都或多或少地在他们的表情、服饰、谈吐、举止等方面有所表现，只要你善于观察，就会发现你们的共同点。

当然，通过察言观色发现的共同点，还要同自己的兴趣爱好相结合。自己对此有兴趣，打破沉寂的气氛才有可能。否则，即使发现了共同点，也还会无话可讲，或讲一两句就“卡壳”。

2. 以话试探，观察共同点

两个陌生人为了打破沉默，开口讲话是首要的。有人以打招呼开场，询问对方籍贯、身份，从中获取信息；有人通过听说话口音、言辞，观察对方情况；有的以动作开场，一边帮对方做某些急需帮助的事，一边以话试探；有的借问时间，也可以发现对方特点，打开交际的局面。

3. 听人介绍，猜度共同点

你去朋友家串门，遇到有生人在座，作为对二者都很熟悉的主人，会马上出面为双方介绍，说明双方与主人的关系、各自的身份、工作单位，甚至个性特点、爱好等，细心人从介绍中马上就可以发现对方与自己有什么共同之处。

4. 揣摩谈话，探索共同点

为了发现陌生人同自己的共同点，可以在需要交际的人同别人谈话时留心分析、揣摩，也可以在对方和自己交谈时揣摩对方的话语，从中发现共同点。

5. 步步深入，挖掘共同点

发现共同点是不太难的，但这只是谈话的初级阶段所需要的。随着交谈内容的深入，共同点会越来越多。为了使交谈更有益于对方，必须一步步地挖掘深一层的共同点，才能如愿以偿。

陌生人之间的共同点有很多，譬如面临的共同的生活环境、共同的工作任务、共同的行路方向、共同的生活习惯等。只要仔细观察，与陌生人无话可讲的局面是不难打破的。

如果遇到了自己感兴趣的人，为了给第二次的见面做好铺垫，你不妨直呼他的名字，说点无伤大雅的笑话，讲点轻松的小故事，给他留下轻松和谐的印象。但要注意的是，交谈中，尽量不要提出一些只能让人回答“是”或“不”的问题来。这样的话，等于在扼杀你们的谈话兴趣。要给人能够展开话题的余地，而且，不要说出太随便的话，否则很有可能会冒犯到你新认识的朋友，使你之前所做的努力全部报废。

总之，女人要想让自己更具人气，就要善于与陌生人交往。只有这样，你的气场才会越来越强。

得理让人，主动“让道”

气场女人应该有得理让人、主动“让道”的精神。如果在与他人交往中，因为个性、脾气、爱好、要求的不统一，价值观念的差异而产生矛盾或冲突，就要懂得通过让道来避免争吵与冲突。做一个能理解、容纳他人优点和缺点的女人，如此才会受到更多人的喜爱和欢迎。

古人云：冤冤相报何时了，得饶人处且饶人。这是一种宽容，一种博大的胸怀，一种不拘小节的潇洒。为人处世，当以宽大为怀。生活在相互宽容的环境中，是人生的幸福。但若得理不让人，不仅自己得不到好处，你的气场也会因此而转向消极的一面，使人不愿与你相交。

一个端着餐盘的女人与迎面而来的另一女人撞到了一起，结果餐盘里的果汁和菜撒了两人一身。端餐盘的女人一边慌忙地道歉，一边从包里掏出纸巾要替另一位擦去衣服的脏物，但她恼怒地不肯让她擦去，并声言：“你给我舔去！”

“对不起！对不起！先让我帮你擦干净，呆会儿我帮你送去干洗或者是赔你一件衣服行吗？”端餐盘的女人顾不得自己衣服上的脏物，再三向对方赔礼。可是对方执意不让她擦，非要她舔干净。

于是一个赔礼，一个丝毫不让，周围的人也纷纷聚了过来，站在端餐盘的女人一边，指责对方让人舔的做法很是过分。但该女人仍觉得这件事自己没有错，是对方不小心把脏物弄到自己身上的，自己让对方舔干净是合情合理的。结果，端餐盘的女人表达了半天的歉意，对方仍没有想“让”的意思。这时，周围的人都很愤怒，把端餐盘的女人拉到一边，徒留对方在原地，场面相当尴尬。

不给别人留台阶，最后自己也会下不来台。所以，做人要得饶人处且饶人，给人留个台阶，也是给自己留条退路。

人不讲理，是一个缺点；人硬讲理，是一个盲点。理直气“和”远比理直气“壮”更能说服和改变他人。

“知退”不是每个人性格中的必然因素，智者才能悟到并且真正做到。换句话说，知退是一个人严谨性格的表现。

每个人的智慧、经验、价值观、生活背景都不相同，因此与人相处，争斗难免——不管是利益上的争斗还是是非的争斗。

很多人一旦身陷于争斗的旋涡，便不由自主地焦躁起来，一方面为了面子，另一方面为了利益，因此一旦得“理”，便不饶人，非逼得对方鸣金收兵或竖白旗投降不可。然而“得理不饶人”虽然让你吹着胜利的号角，但也是下次争斗的前奏；“战败”的对方失去了面子和利益，他当然要“讨”回来。

“得理不饶人”是你的权利，但何妨“得理且饶人”，这样也给自己留条退路。得理不饶人，伤了对方，甚至毁了对方，这有失厚道。得理且饶人，才是积德。

《菜根谭》中指出：“径路窄处，留一步与人行；滋味浓的，减三分让人尝。此是涉世一极安乐法。”这句话旨在说明谦让的美德。凡事让步，表面上看好像是吃亏，但事实上由此获得的必然比失去的多。

人们往往把大海比做宽广的胸怀，因为大海能广纳百川，也不拒暴雨和巨浪；也有人把忍耐性比做弹簧，弹簧具有能伸能屈的韧性。女人生活在社会这个大家庭中，难免会产生一些意见或矛盾。如果经常为一些鸡毛蒜皮的小事争得面红耳赤，谁都不肯甘拜下风，必将大打出手；而事后静下心来想想，当时若能忍让三分，自会风平浪静，大事化小、小事化了。事实上，越是有理的人，如果表现得越谦让，越能显示出胸襟坦荡、富有修养，反而更能得到他人的钦佩，你的气场也会因此变得更为强大。所以，想提升气场，就要学会得理让人，主动“让道”。

第七章
利用身体语言，激活你的潜在气场

外表很重要，在各方面条件都相同的情况下，我们会猜测漂亮的人更快乐、更热情开朗、更聪明成功。但那些外表并不出众的女性该如何提升自己的气场呢？其实美丽的外表并不一定让你有足够的魅力，而身体所具有的魅力，却是任何人都不能抵挡的。肢体语言的先锋人物阿尔伯特·麦拉宾发现：一条信息所产生的全部影响力中7%来自于语言（仅指文字），38%来自于声音（其中包括语音、音调以及其他声音），剩下的55%则全部来自于无声的肢体语言。身体语言是人们内心愿望所发出的信号，每一个看似无足轻重的表情、眼神、手势和体态，都透露着人的情感、智慧、修养和心思。女人只要懂得如何掌控自己的身体语言，就能让自己的气场迅速得到提升。

身体语言使沟通更有效

每天早晨，我都会看见家附近幼儿园站在门口迎接小朋友的老师，伴随着微笑，问候着："早上好。"然后是边说边低下身子做出请的动作。

这些体态语让我们觉得亲切无比，觉得最重要的表达技巧真的不是语言，而是我们的身体语言。

在聚会中，当人们逐渐了解了周围的同伴，感觉更加自在以后，他们的身体姿态就会发生一系列变化，充满戒备意味的双臂和双腿互相交叉的姿势，会逐渐转向开放自然的姿势。在任何环境里，这样的转变过程都遵循着完全相同的程式。

研究发现，人们每天的讲话时间平均仅占与人交往时间的10%，而与人交往的其他时间，都在有意无意地进行着身体语言的沟通。身体语言能够增强沟通的有效性。身体语言具有形象、生动、直观、个性化的特点。在沟通中，将身体语言和语言结合起来使用，能够使表达的含义更精彩、更准确。根据对方身体语言所表达的信息，我们也能够更准确地理解对方。在这种情境中，身体语言比文字和语言更有影响力。

英国心理学家阿盖依尔等人的研究发现，当语言信号与非语言（身体语言）信号所代表的意义不一致时，人们相信的是非语言信号所代表的意义，而且非语言交际的影响是语言的43倍。

非语言行为不易伪装，原因在于当一个人的大脑进行某种思维活动时，大脑会支配身体的各个部位发出各种细微信号，这是人们不能控制而且也是难以意识到的。因此，千万不要小瞧了这些身体动作，我们不加思考地触摸自己的身体，或者不经意间的一个小动作，就会暴露我们的思想。

事实上，只要我们了解了肢体动作、语言和表情的不同功能，就会明白肢体动作比语言和表情更容易让人了解一个人的想法。语言最主要的功能是用来传递信息，其次才是社交活动的运用，表情虽能根据情感自然流露，但是人为掩饰的痕迹很重，唯有肢体动作隐蔽性较差。比起语言和表情，身体姿势更能反映出一个人的内心，因为身体姿势受人的情绪、感觉、兴趣的支配和驱使，是内心状态的外部表现。

比如，一个人做了亏心事或偷了东西，总显得心神不定、六神无主或鬼头鬼脑；一个人听到好消息时，脸上总要露出笑容；一个人听到批评时，脸色总会显得很不自然；一个人说谎时总是怕看着对话者的眼睛；一个人激动时会手舞足蹈，发怒时要青筋暴起，或双拳紧握、咬牙切齿……这些事实不难证明身体语言的可靠性。因此，若想自己的气场强大，应首先了解身体语言的密码，唯此我们才能自如地掌控肢体信号所显露出来的一切，从而达到吸引他人、影响他人的目的。

如何让你的手势恰当得体

手部姿势是我们最容易忽视的表达语言，可能你会注意自己的表情，注意自己的眼睛，甚至注意自己的走路姿势，但你往往忽视了手势。你会觉得利用手势显得过分张扬，或者，你不知道该怎么去做。其实，一个人的手势可以起到弥补有声语言不足的作用，增加有色语言的分量。不自觉的手势可以是一种内在感情，几乎每一个手势都是内心情感的流露。

比如，在庄重、严肃的场合宣誓时，必须要右手握拳，并举至右侧齐眉高度。在演讲或说话时，攥紧拳头，则是向听众表示："我是有力量的。"但如果是在有矛盾的人面前攥紧拳头，则表示："我不会怕你，要不要尝尝我拳头的滋味？"

又比如：手势上扬，代表着"赞同"、"满意"或"鼓舞"、"号召"，有时候也用以打招呼。演讲或说话时手势上扬，最能体现个人风格，表明演讲者或说话者是个性格开朗、豪放，且不拘于形式的人。

手势上扬，是一种幅度比较大的手势动作，容易产生比较鲜明的视觉形象，引起人们对于形式美的主观感受。

在我们的日常生活中，也能够经常看到这种手势上扬的姿势，如某老板交代完一份工作后，对他的员工扬扬手说"就这样办吧！"在听完一份汇报后，又扬了扬手说："行了，行了，我明白了。"这个时候的手势上扬，是表示"赞扬"和"肯定"的意思。当我们与朋友告别时，也常扬手说声"再见！"总之，手势上扬，是一种能显示出个人特点、很受人欢迎的手势，可塑造出大度、有号召力的个人形象。

而手势下劈，给人一种泰山压顶、不容置疑之势。使用这种手势的人，一般都高高在上，高傲自负，喜欢以自我为中心，他的观点，不会轻易容许他人反驳。伴随着这个动作的意思是："就这么办"，"这事情就这样决定了"，或者"不行，我不同意"等等。

可见，不同的手势能给人以不同的感受，但令人遗憾的是，并不是所有人都能够将手势运用得恰到好处。在日常生活中，由于种种原因，有些人的手势非常不雅，更有些人因为不懂得手势代表的意思，从而弄巧成拙，引起不必要的误会。因此，女性朋友们在使用手势时，必须遵循以下原则：

1. 大方得体

手势是一种传情达意的特殊方式，与说话不妥会引人反感一样，如果使用手势时不注意自己的身份或谈话内容，一味地模仿他人或矫揉造作、扭扭捏捏，不仅会妨碍双方的有效沟通，还会给他人留下没有素质、缺乏教养的印象。

2. 准确无误

由于手势是一种无声的语言，而且其内容包罗万象，因此哪怕是极细微的变化也会改变手势的含义。因此，在使用手势时应尽量做到准确无误，并极力避免使用过于复杂的手势，以免造成沟通障碍或引起他人误解。

3. 入乡随俗

在不同的国家，由于历史传统及文化背景等不同，手势的含义也有所不同，甚至意义相反。如大家熟知的O形手势在英语世界是"OK"的意思，有着"高兴"、"佩服"、"顺利"等意义，但在法语世界却代表"零"或"没有"，到了日本、东南亚一些国家则代表"金钱"的意思。因此，在面对不同人群时，我们应做到看人使用手势，以免引起不必要的麻烦。

除了掌握以上手势要领以外，我们还必须避免一些手势禁忌，如边讲话边打响指、钩动手指招呼别人、一边说话一边抓耳挠腮、对他人指指点点等，这些不仅会被视为没有素质、没有礼貌，而且极易招致反感，甚至引发不必要的麻烦。

灵活展现真诚笑容

曾经有人说过："微笑能引导出藏在人们心中的天使"。微笑可以改变我们的面貌，让我们受到人们的欢迎。当我们微笑的时候，我们的精神状态最为轻松，心理状态也就相对地稳定；充满善意的微笑能够让对方感受到我们的亲切和喜悦，受到快乐情绪的感染，自然而然地，我们就能赢得更多的朋友和快乐。

笑是女人的招牌，女人的温柔、妩媚，都可以在笑容里尽情体现！在女人的笑容里，我们看到了女人的自信与幸福，感觉着生活的美好。像阳光一样灿烂地笑笑，生活中偶尔掠过的忧郁就会像轻烟一样消逝其中。以下是对那些在日常生活中常见的笑容的总结及分析，女性朋友们可以根据所处环境与需求展现不同的笑容，从而使自己的气场更加强大。

1. 抿唇笑

女人在微笑时双唇紧闭，意味着她心中有不愿与你分享的秘密。人们在露出这种微笑时，双唇紧闭且向后拉伸，形成一条直线，完全看不见双唇后的牙齿。这种微笑的内在含义是，微笑者隐藏了某个不为人知的秘密，或是他不想与对方分享自己的想法或观点。女性在遇到自己不喜欢的人而又不想让对方知道这一点的时候，通常会露出这样的笑容。

2. 歪脸笑

在一张扭曲的笑脸上，两侧脸庞的表情恰好相反。比如：左边的眉毛向上扬起，与此同时，由于左侧的颧肌的收缩，他左边的脸颊上便浮现出了一种看似为微笑的表情。而在左半脑的命令下，右边的眉毛却因为眼轮匝肌的收缩向下沉，而嘴角和整个右侧脸颊也微微下移，露出了一种皱眉式的表情。这种歪脸的微笑大都是人脑意识作用的结果，其所传递的信息也只有一个——挖苦讽刺。

3. 开口大笑

人在开口大笑时，嘴巴张开，下巴低垂，嘴角上扬，给人一种很开心的感觉。但这种笑容看起来有些不太自然。

4. 斜瞄式的微笑

微笑时双唇紧闭，同时还低下头，歪向一侧，并且斜着眼睛向上望，这样的笑容不禁会让人联想到少年时的俏皮和心思暗藏。无论何时何地，女性都喜欢在异性面前露出这种略有些腼腆害羞的笑容，因为这样做很容易引发男性的保护欲，使他萌生出保护她不受伤害，呵护她的念头。

头部动作暗藏的吸引力

头是人体最重要的组成部分，通过观察一个人的头能得到很多的信息，因为从某种意义上说头就是心灵的指挥官。

比如，将手举向头部做出“抓、擦、摸”的动作。这本是维护头部清洁的动作，但会让你看起来情绪混乱，不自信。尤其是下属在向领导汇报工作的时候，应杜绝这样的姿态。

虽然头部动作类型比较简单，却很重要，因为这些动作相较于体态动作来说，人们更容易忽视，往往伴随着语言的发生就不自觉地发生了。但对方却极易注意到我们的头部动作。因此，如果不想让头部动作影响你的气场，就应懂得各种头部动作的内涵。

头部垂下呈低头的姿态，它的基本信息是“我在你面前压低我自己”，但这不限于居下位的人。当同事或居上位者做此动作时，它的信息乃是以消极的方式表达，“我不会只认定我自己”，然后变成这样的目标：“我是友善的”。当然，这可能由于动作者深感厌倦，而采取低垂的姿势。

头部猛然上扬然后恢复通常的姿态，它常用来表示“我很惊讶会见到你”，在这儿，惊讶是关键的要素，头部上扬代表吃惊的反应，用于距离较远的时候。头部上扬是用在彼此非常熟悉的场合。其时机是当某人突然明白了某事务的要旨而惊叹“哦！是的，那当然”的一刹那。

晃动头部，常被用来表示惊奇或震惊。其中隐含刚得知的消息是那么不寻常，以至于必须晃动头部才能确信这不是做梦。颈部把头猛力转向一侧，再使它回复中立的位置，这是单侧的摇头，同样传递“不”的信息。头部半转半倾斜向一侧是友善的表示，仿佛是在同路人打招呼，传递的信息是“你与我之间，这蛮好的！”

头部僵直，表示自己是如此有分量且毫不惧怕，甚至什么东西在身侧摔破，都不屑一顾，或者是心里觉得无聊的表现。

头部向前伸并朝向感兴趣的方向，这个动作既表示满怀爱意，也表示满怀恨意。前一种情况是：两个相爱的人，伸长脖子深情专注地凝视对方的眼睛；后一种情况则像两个冤家伸长脖子，探出头部以表示他们不畏惧对方，而且瞪视对方如同洞察对方的眼睛；还有一种情况则出现在某人渴望吸引你全部的注意力时，因此他会探出他的脸，以阻挡你看其他任何可能吸引你的东西。

头部从兴趣之处缩回，这是回避的动作。基本上就是一个保护性的动作，或把脸部移开以回避对身体有威胁的事物，在特殊情况下，这个动作可借着掩饰脸部而隐藏自己的身份。

突然把头低下以隐藏脸部，也可用来表示谦卑与害羞。在心怀敌意的情况下，把头低下则具有全然不同的意义，表示头部有紧迫的负荷，在这种情况下，其主要差异在于眼睛向前瞪视敌人，而不是随着脸部而下垂。

头部后仰，这是势利小人或非常自信之人鼻子朝天的姿态。一个人会把头部后仰，其情绪变化包括：从沾沾自喜、桀骜不驯到自认优越而存心违抗。基本上，这种姿态是挑衅的仰视而不是温顺的仰视。

头部歪斜，这个动作源自幼时舒适的依偎——小孩把他的头部依靠在父母的身上，当成年人（通常是女性）把头部斜向一侧时，此情此景就像倚在想象中的保护者身上一样，即表示在你的手中我只是一个小孩，我喜欢把头靠在你的肩上。

正确使用眼睛的语言

“看着你的眼睛，我就会知道你的秘密。”这是人们最常说的一句话，因为眼睛会传达你所有的感情和想法。孟子在《离娄上》篇中有一段用眼睛判断人心善恶的论述：“存乎人者，莫良于眸子。眸子不能掩其恶；胸中正，则眸子瞭焉；胸中不正，则眸子眊焉。”

可以说，人的眼睛和嘴巴所说的话一样，能从中了解事物的大致面目。因为眼睛与脸部其他部位不同，其周围的肌肉更发达精巧。这既能保护眼睛不受伤害，又使得眼部本能的动作反射性很强，能最直观地反映内心活动。我们都有过这样的体验，危险物品袭来时，眼睛周围的肌肉会反射性地让眼睑立即合上；强光射来时，眼球内部的瞳孔收缩，以避免眼睛受到刺激。正是因为眼睛具有这样本能的反应，也就不可避免地成为脸上最诚实的部位之一。

短暂的眼球运动和眼神交流，能看出一个人此时此刻的想法，是赞同还是反对，是欣赏还是厌恶。无论这个人心里想什么，眼神都会立刻忠实地告诉我们。心之所想，无须言语，从眼神中就能找到答案。

泰戈尔说：“任何人一旦学会了眼睛的语言，表情的变化将是无穷无尽的。”因此，女人们在与他人相交时应注意目光语，如此才能受到欢迎。

1. 正视对方

不要害怕目光接触，这会让别人觉得你冷漠、不关心或者在逃避。要练习正视对方，这会赋予你友善、诚恳、外向、有安全感、自信、笃定的标签。直接的眼神交流还能表明你很愿意了解他，是一种开放迎接的姿态。

2. 保持目光平视

不要把目光集中在地上，这会给他人一种不信任的感觉。

3. 眼珠要灵活

这包括眼睛的转动范围和转动频率。表现为思维敏捷的反应，是青春活力的表现，是生命力的象征。灵活的眼睛会给人一种流动的美感。

4. 眼睛要明亮

明亮的眼睛没有掩盖、没有伪饰、没有愁云、没有迷惘，使人一览无遗。明亮的眼睛会给人一种清晰的美感。

要做到眼睛明亮就要注意不要有斜视、俯视、不屑一顾、轻浮等不礼貌的“眼语”。要达到这一点，除了表现的技巧外，加强文化、品德修养是很重要的。

最后，在眼神交流的同时，记得给对方一个友好的微笑，这会让你美上加美。

摊开手掌，让人心在坦诚中凝聚

自古以来，一见到摊开的手掌，人们往往就会联想到坦率、诚实、忠贞以及谦恭这些形容优秀品质的褒义词。时至今日，许多庄严的宣誓都要求人们将手掌置于心脏的位置以示坦诚；法庭上，证人需要举起手掌以证实自己证词的真实性。假如你想知道对方是否坦诚，最直接，同时也是最有效的方法就是观察他的手掌动作。

在人们开始袒露心扉，或者想说真话的时候，他们很可能会在无意间露出全部或部分手掌。与大多数传递微小信息的肢体动作一样，这完全是一个下意识的动作。而当你看到这样的动作，你的“直觉”就会告诉你，他没有撒谎。如果一个人撒谎，我们就完全可以通过他的双手识破其谎言。

一次，在夏天与教授讨论一个关于儿童心理学的问题时，教授忽然问道：“对于海伦·帕尔默所著的《九型人格》，你看完后有什么感觉？”

“很不错，里面有一些值得我们借鉴和学习的地方。”夏天答道。但教授却注意到夏天本来放在书桌上的书，随着她说话而改放到了桌子底下。

“你还没来得及看这本书，是吧！”教授笑着说道。

教授的话让夏天感到很尴尬，同时也很震惊，因为她确实没有看过这本书。“您是怎么知道的？”

“你的手告诉我的。”教授回答说。

一个人说话时，其内容的可靠性我们可通过手来得知。就像每当孩子们撒了谎，或隐瞒了什么事情，他们通常都会把自己的手藏在身后。

可以说，当我们与他人交谈时，将手掌暴露于双方的视线之内，这么一个简单的动作的确有可能会让我们看起来显得更加坦诚，使我们赢得更高的信誉度。不过，有趣的是，当这一动作逐渐变成某人的习惯之后，这个人说谎的几率也就随之大大减少了。许多人都发现当自己的双手暴露于对方的视线之内时，说谎似乎就变成了一项不可能完成的任务，而导致这一结果的原因就是所谓的因果法则。如果你对他人没有任何隐瞒，完全是坦诚相对，那么，你也就会很自然地将自己的双手暴露在外面，而当你的双手暴露于身体之外时，你会发现，要想在同一时间说出一个令人信服的谎话，实在是一件相当困难的事情。

看到这里也许有人会问了，如果我不把手藏起来，那么别人就不可能知道我说谎了是吗？对于这个问题，答案可以是肯定的，也可以是否定的。比如，你说的是个彻头彻尾的大谎话且破绽百出，即使你亮出了自己的手掌，你的听众也不会相信你，因为你在说话的同时还会做出其他的动作和表情。那么这些动作和表情所传达的信息就会与摊开的手掌所代表的含义自相矛盾。如此一来，你的谎言也就不攻自破了。

可以说，一个人的手摆放不同，就会给对方传达不同的信息。比如，你觉得有人想侵犯自己，出于自卫，你很有可能就会将双臂交叉抱于胸前。不过，尽管任何事情都没发生，但是只要你摆出了同样的姿势，一种自卫的感觉便会油然而生。而且，假如你在与他人交谈的同时，将自己的双手置于对方的视线之内，那么无形中，你也会给对方造成一种心理上的压力，迫使他说真话。换句话说，暴露的手掌不仅有助于阻止对方向你传递虚假的信息，并且能够敦促他对你坦诚相待。

所以，女人们在与人相交时，应让自己的双手暴露在对方的视线内，这将有助于你与对方建立起良好的关系，同时你也会因此而赢得更多的人心。

腿部姿势泄露内心秘密

越是远离头部的身体部位，我们就越不关注它。比如，大部分人都对自己的脸部非常在意，而且会有意识地控制面部表情和头部姿势。我们甚至可以通过反复操练，熟练地掌握一些表情。例如，假装若无其事的样子，表达反对态度的眼神，等等。如果朋友送你一件不喜欢的礼物，相信你一定能毫不费力地展现开心的笑容。若同事与你有些别扭，可是每天上班时仍旧能假装若无其事地打招呼。除了脸部以外，我们很少注意到双臂和双手的姿势，胸部和腹部也一样不受重视，更不用提腿部的动作，而双脚则几乎完全被我们忽略掉了。

这就意味着人们的腿部和双脚是丰富的信息源，能够泄露出人们内心的秘密。因为大部分人都对腿部和双脚的动作不太关注，根本不会考虑掩饰或者伪装这部分的肢体动作。

仔细观察，你会发现这样一种现象：在一场聚会中，当两个彼此陌生的女人经过交谈逐渐了解了对方后，她们充满戒备意味的双臂和双腿互相交叉的姿势，会逐渐转向开放自然的姿势。

因此，女性朋友们若不想让自己的双腿泄露内心过多的秘密，那么也应对它们加以重视。其中值得一提的是，无论是为了美丽还是为了工作，穿着迷你裙的女士尤其要注意自己的双腿，因为女人穿上迷你裙后必须让双腿和脚踝保持彼此交叉的姿势，个中原因是不言自明的。不过，多年的积习会让很多女人总是保持双腿交叉的坐姿。可是这样的姿势不仅会让她们看起来显得非常拘谨，而且其他人也会在不知不觉中将之误读为防备他人的信号，从而在跟她们打交道时更添几分谨慎。

也有一些女人多使用两腿交叉的姿势。如果你想用交叉的双腿展现自己美丽的腿形是无可厚非的，但这会让他人给你贴上羞怯和胆小的标签。把一只脚的脚尖紧贴在另一条腿上，这样的姿势进一步强调了当事人的不安全感。

在一些重要场合，或者是在商务活动中，请尽量避免做出两腿交叉的动作。这样的后果就是，这些商务人士会在听你说话时心不在焉。他们也许会记住你是谁，但很可能不记得你到底说了些什么。

优美姿态让你焕发光彩

美是一种整体感受，再绝伦的容貌，再魔鬼的身材，却有一副委靡不振的姿势、粗鲁无礼的举止，那美也根本无从谈起。

美国科学家做了这样一个试验：把各种类型的女性头部遮住，让她们走动并做出各种姿势，最后才露出头部让观众给她们评分。试验结果表明，如果某个女性相貌和身材都不错，但举手投足不优美，魅力指数就会大打折扣。反而身材相貌一般，但姿态很优美的女性则赢得较高的分数。

可见，对女人来说，培养优美的举止很重要。优美的举止不仅会让女性显得苗条高挑，还能凸显高雅的气质。

站立、行走、坐卧是人体最基本的姿态。站姿和坐姿是相对静态的，行姿则是动态的。

1. 站立美姿

站立的姿势，如果将重心分注两足，作宽步幅度地左右均衡时，则呈男性化的表现；若将身体重心移至一足，便有女性柔和的姿态。正确的站立姿势，要做到挺胸收腹，腰杆挺直，上半身要保持挺直，下巴往内收，并且收腹。下面两种方法可以帮助你训练良好的站姿。

（1）把身体背着墙站好，使你的后脑、肩、腰、臀部及脚跟均能与墙壁紧密接触。

（2）利用顶书本的方法来练习，为使书本不掉下来，就会自然地把颈部挺直，下巴向内收，上身挺直。

另外要注意的是，穿礼服或旗袍的时候，绝对不要双脚并列，而是要让两脚之间前后距离 5 厘米左右，以一只脚为重心。

2. 行走美姿

行走的姿势极为重要，行走迈步时，脚尖应向着正前方，脚跟先落地，脚掌紧跟落地。走路时要收腹挺胸，两臂自然摆动，节奏快慢适当，给人一种矫健轻快、从容不迫的动态美。

走路时的步态美不美，是由步度和步位决定的。如果步位和步度不合标准，那么全身摆动的姿态就失去了协调的节奏，也就失去了自身的步韵。

步度，是指行走时两脚之间的距离。步度的一般标准是一脚踢出落地后，脚跟离另一只脚脚尖的距离恰好等于自己的脚长。步位是脚落地时应放置的位置。步韵也很重要，走路时，膝盖和脚腕都要富于弹性，肩膀应自然、轻松地摆动，使自己走在一定的韵律中，才会显得自然优美。

行走时应注意以下几点：

（1）走路时，应自然地摆动手臂，幅度不可太大，前后摆动的幅度约 45 度，切忌做左右式的摆动。

（2）走路时应保持身体挺直，切忌左右摇摆或摇头晃肩。

（3）走路时膝盖和脚踝都应轻松自如，以免显得僵硬，切忌走外八字或内八字。

（4）走路时不要低头后仰，更不要扭动双臀。

（5）步度与呼吸应配合成规律的节奏，穿礼服、裙子或旗袍时步度更应轻盈优美，不可跨大步。若穿长裤步度可稍大些，这样会显得生动些，但最大步也不可超过脚长的 1.6 倍。

3. 优美坐姿

优美的坐姿应该让人觉得安详舒适，端正稳重。正确的坐姿是上半身挺直，两肩放松，下巴向内收，脖子挺直，胸部挺起，双膝并拢，双手自然地放于双膝或椅子扶手上；谈话时可以侧坐，此时上体与腿同时转向一侧，要把双膝靠拢，脚跟靠紧。

要使坐姿优美，下列几点要注意：

（1）入座时，走到座位前，转身后右脚向后撤半步，从容不迫地慢慢坐下，然后把右脚与左脚并齐。

（2）不论何种坐姿，都切忌两膝盖分开，两脚呈八字形，这一点对女性尤其不雅。

（3）坐时不可两脚尖朝内，脚跟朝外，这种内八字形坐法不雅。

（4）当两腿交叠而坐时，悬空的脚尖应向下，切忌脚尖朝天和上下抖动。

（5）与人交谈时，不可将上身往前倾或用手支撑下巴。

（6）坐下来应该安静，忌一会儿向东，一会儿向西。

（7）双手可相交搁在大腿上，或轻搭在扶手上，但手心应向下。

（8）在椅子上前俯后仰，或把腿架在椅子或沙发扶手上，都是极为不雅观的。

除了掌握这些基本的要点，坐姿还要根据座位的高低进行调整。

（1）低座位：轻轻坐下，臀部后面距座椅靠背约 2 厘米，背部靠椅背。如果穿的是高跟鞋，坐在低座位上，膝盖会高出腰部，这时应当并拢两腿，使膝盖平行靠紧。然后将膝盖偏向谈话对方，偏的角度应根据座位高低来定，但以大腿和上半身构成直角为标准。

（2）较高的座位：上身保持正直，可以跷大腿。其方法是将左脚微向右倾，右大腿放在左大腿上，脚尖朝向地面，切忌脚尖朝天。

（3）座椅不高也不低：两脚尽量向左后方，让大腿和你的上半身呈 90 度以上角度，双膝并拢，再把右脚从左脚外侧伸出，使两脚外侧相靠，这样不但雅致，而且显得文静而优美。

女人气场提升法

气场与个子高矮无关。只要学会巧妙地装扮，行为举止得体大方，那么高个子的女人吸引人、有气场，矮个子的女人也照样有气场。

女人可以从以下几个方面努力提升自己的气场：

1. 穿中跟或高跟鞋

对女人而言，一双高跟鞋可以迅速提高你的“海拔”。高跟鞋可以使女人步幅减小，因为重心后移，腿部就相应挺直，并造成臀部收缩、胸部前挺，使女人的站姿、走姿都富有风韵。更为重要的是，穿上高跟鞋的女人会变得更加自信，这个心理因素是形成气场的关键。

2. 露出面庞

现今有许多女人巴掌大的脸上梳一个爆炸式的头，然后用齐刘海儿盖住整个额头，猛看上去，给人说不出的怪异感。其实，女人应把凌乱的头发打理整齐，让自己的面庞露出来，这样整个人会比较有活力，五官也显得深邃。

3. 选择款式简洁的衣服

面料剪裁可以笔挺或有垂坠感，但关键是不要皱。在颜色上，要选择纯正的色彩。这样看起来更显明快、简洁。

4. 突出线条，显示力量感

显示力量感，不是要你鼓起一块一块的肱二头肌或腹肌，它不仅是视觉上的，还是心理上的。女人的脖颈、手腕、脚踝以及其他关节相对而言比较纤细，要好好利用。可以适当裸露你的颈、手腕、脚踝等关节，或通过饰品来突显，因为关节处往往很能体现女性的柔美线条，从而突显气场。

5. 保持良好的身姿

一般来说，一个昂首挺胸、高视阔步的人，能给人以自信。如果一个人躬身俯首，微收双肩，说明这个人比较谦虚和谨慎。因此，女人要时刻注意自己的身姿，做到站有站相、坐有坐相、走有走相，从姿势上下足工夫，以此打造自己的气质和风度。

增强气势，提升气场

《韩诗外传》曾曰：“勇猛强武，气势自御。”《淮南子·兵略训》所云：“兵有三势……有气势、有地势、有因势。将充勇而轻敌，卒果敢而乐战。三军之众，百万之师，志厉青云，气如飘风，声如雷霆，诚积踰而威加敌人，此谓气势。”

气势是人或事物所表现出来的力量、威势。而气势的传达又离不开身体语言的辅助，一个眼神、一个手势……都是气势的外在表现。由此可见，一个人增强自身的气势，有助于提升自身的气场。

一个在山林迷路的人正在找寻出口时，却遇到了一只凶恶的熊。看着那只庞大的熊一步步地向自己靠近，绝望求生的勇气被一阵汹涌起伏的恐惧驱散了。迷路的人在恐惧地想着：“自己如此衰弱，如果那个动物来攻击自己该怎么办呢？”就在这一刹那，迷路的人忽然想到了一个办法：他拼命摆出一副威风凛凛的气势，紧握猎刀，瞪大眼睛狠狠地盯着那只熊。这时，那只熊笨拙地向前挪了两步，后退，站了起来，发出试敌的咆哮声。

此时，迷路的人如果逃跑，熊就会追上来。迷路的人没有选择逃跑，而是鼓足勇气与之决一死战，此时聚拢来的勇气让他忘记了恐惧，他振奋起来了。他笔直地站着，挺起胸膛，紧紧地盯着熊的眼睛，一时间他竟然完全相信这只熊绝不是自己的对手。

熊向旁边慢慢挪动，发出了可怕的咆哮，但它显然被这个站得笔直、毫无惧色的人吓住了，最后悻悻地离开了。

危险过后，迷路的人抖了抖身体，猛地栽倒在潮湿的苔藓地上。

这个故事的虚实我们无从考证，但相信很多在野外遭遇狼或者熊的猎人都有类似的经历。如果你进攻，必然被野兽吃掉；如果你害怕，野兽必然会攻上来。可见提高自己的士气，是唯一的出路。狭路相逢勇者胜，说的也是这个道理。两者相遇，气势强大的一方必然会战胜气势弱的一方，因为无论是从精神上，还是心理上，气势强大的一方已经胜了对方一筹。

我想这一点我们可以在邓亚萍身上得到论证。她从不被人认可到创造了一个又一个辉煌，我们不能不说，她在打球时所散发出来的气势，就已经先胜了对方一筹。通过下面这段对话，我们更能了解邓亚萍的气势从何而来。

记者：看你打球时眼神挺凶的，打出好球你喊“漂亮”时，那个声调也够特别的。为什么在场上会那么“凶狠”？是有意的吗？

邓亚萍：（回味地笑）很多时候都是来自情不自禁，是很自然的一个流露。因为在场上你不可能装什么。那其实就是对自己的一种鼓励，一种气势上的鼓励。

（神情凝重起来）每打一场球，都像是在悬崖边上的感觉。因为即使你赢了球，别人都不一定看重你、看好你，何况你要输球？所以，我就是要打服别人，让别人信服。那种压力是非常非常大的。所以一上场，那种杀气呀，那种拼劲呀，你才会有。这样一个特殊的成长过程，都与大家后来认识邓亚萍有关。没有这段经历的话，我相信我不会是今天的邓亚萍。

记者：为什么你能在一个可以说是顶峰的状态保持那么久？

邓亚萍：因为我不希望让别人有机会。我只要能赢你的，就决不会输给你。无论是什么样的比赛，大的、小的，只要上场，我就要百分之百地付出。我就是要给对手造成一种压力，那就是邓亚萍是不可战胜的。

记者：要给对手造成这样的压力，需要实力。

邓亚萍：对，时间一长，对方就会想，我从来没有赢过你，我有什么信心来赢你？对我来讲，我从来没输过你，我有什么道理输给你？就这意思，那么你的“势”就出来了。

是的，“我从来没输过你，我有什么道理输给你？”这就是气势，它是一个人胆识和学识的外在表现，所谓临阵不乱、胸有成竹，可以理解为，学识渊博、提前谋划，一切尽在自己的掌握之中。做到这样你就能坦然面对一切，相反，没有知识、没有谋划，只会装腔作势，就是外强中干。

所以，女人要想战胜别人，可先从气势上压倒他人。这种气势可以通过你凌厉的眼神表示出来，也可以通过强势的手势来表现。总之，无论是从心理上还是身体语言上，只要你能表现出强大的气势，那么你就已经胜了对方。

第八章
不断充电，内在富足才能气场强大

只有漂亮的外形是做不到削铁如泥的，还要有坚韧的材质，经过漫长的淬炼打磨！对女人而言，漂亮的外表有助你提升气场，但真正强大的气场来自于女人的内心——强大的内心。而内心的强大则需要坚强的实力做后盾，有实力当然就有魅力。因此，女人如果想拥有强大的气场，从这一刻开始，就要努力工作，虚心学习，不断加强、巩固自己的实力，这才是真正的治本之策。

从读书中汲取智慧

书是女人修炼气场之路上最值得依赖的伙伴，依靠它，你将不再畏惧年龄，不会因为几道小小的皱纹而苦恼不断。因为，你已经拥有了一颗属于自己的独特心灵，有自己丰富的情感体验，你的生活，你生活中的点点滴滴，将会书香四溢。

有人说，世界有十分美丽，但如果没有女人，将失掉七分色彩；女人有十分美丽，但远离书籍，将失掉七分内蕴。爱读书的女人是一道美丽的风景。她可能貌不惊人，但她有一种内在的气质：优雅的谈吐超凡脱俗，清丽的仪态无须修饰，那是静的凝重，动的优雅；那是坐的端庄，行的洒脱，天然的质相与含蓄混合在一起，像水一样的柔软，像风一样的迷人，像花一样的绚丽……那种浑身流溢的书卷味使她显得与众不同，相信“腹有诗书气自华”形容所有喜欢读书的女人再合适不过了。

但遗憾的是，很多女人一旦走入工作岗位，或者结婚生子，就与书无缘了。其实，人的学习和进步是一辈子的事，绝不是到达了某一个阶段就有资格停步不前了。没有了书的滋润，心灵就枯萎了，一个心灵枯萎的女人，就算面貌年轻，看起来也是空洞肤浅，俗不可耐。

因此，女人必须与书本相伴，心灵才不会枯萎，容颜才不会憔悴。培养读书的兴趣和爱好，是女人汲取智慧的最佳途径。那么，如何才能从庞杂的图书阵营中寻找到自己的阅读兴趣点呢？

（1）每周逛一次书摊，选择一些通俗易懂、与自己生活密切相关的杂志。文艺类的如《读者》、《青年文摘》等，品位较高雅，售价也很便宜，能获取一些基础的知识；生活时尚类如《女友》、《爱人》等，形式丰富多样，既有文学小品，也有美容知识，价钱也不高；至于一些装帧精美的纯时尚杂志，也能提供不少的美容养分，赏心悦目，只是价钱有些贵，买多了有点心疼。这里有一个小窍门，到书吧去看！现今已有许多书吧开放，二三十元买杯咖啡，随心所欲地翻看里面收藏的各类书籍，既享受了环境的优雅和咖啡的美味，又节约了阅读成本，更为重要的是，在那里你还会认识许多与你有共同爱好的朋友，也为你的人脉交往开拓了一条路径。

(2) 杂志只是一种阅读快餐，闲暇时随意翻翻，养分是极其有限的，真正要获取读书的养分，必须去书店选择。每月至少去一次书店，从自己感兴趣的通俗好看的书入手。一般说来，小说是最易阅读的。刚开始读书时，建议选择与自己生活联系最紧密、也最贴近生活的作品。

(3) 随着阅读的不断深入，人的阅读趣味也在不断地发生变化，由浅入深，由庞杂到清晰。慢慢地，你会发现自己喜欢的作家，你会建立自己的阅读体系，此时方进入佳境，随心所欲，挥洒自如。

(4) 不管读什么书，都不要把读书看做是一件严肃认真的事。那会把自己吓退了，无端地紧张惶恐。此读书是读“闲书”，不是学生时代啃教科书，犯不着严阵以待。读一些与你的生活和工作无关，纯粹怡情逸致、舒展心灵的闲书，是人生之极乐和享受。读书犯不着讲究环境和姿态，完全没必要关在书房里正襟危坐。躺在沙发上，卧倒在床上，怎么舒服怎么来。

总之，书是人类智慧的结晶，不管你现在的生活状态如何，读书都是提升气场的重要途径。读书，特别是阅读那些出自大师之手的书籍，就是一次与大师的对话，与智者的交流，即便你不能完全理解，也是一次难得的精神之旅，也许在什么时候，在那个你自己也不曾注意的一瞬间，从中汲取的智慧就表现出来了。所以，女人们，请读书吧!

爱读书,就等于把生活中平常的时光转换成了巨大享受的时刻。读书，可以增长见识，陶冶性情，使人的情感更细腻，举止更优雅，气质更深沉。淡泊以明志，宁静以致远，非读书是不能达到的。

所以，女人要养成读书和读好书的习惯。不管你有什么样的学历和教育背景，都可以通过读书接受教育，改变人生。读书是一段丰富的精神旅程，一旦你养成了读书的好习惯，你就会知道什么叫滋养和心灵的成熟。

实力就是吸引力

“花无百日红”，女人的美丽是短暂的，年轻的时候，或许你可以凭借青春和姿色博得他人的青睐，但岁月催人老，女人最终还是要靠实力来吸引人。

如果你想获得更大的成功，实现更多的梦想，赢得更多人的支持和依赖，就努力提升自己的实力吧，它会使你的人生熠熠生辉。那么女人该如何提升自己的实力呢？

1. 善于在工作的失误中学习和总结

当你在工作中遇到问题时，书本通常无法直接告诉我们答案，那么我们可以经常对工作过程进行回顾，想想自己当初是怎么想的，为什么会那么想，究竟错在哪里，怎么纠正等。如此这般长久磨炼，必定能让你的实力得到提高。

2. 学会有效地掌握时间

生活是繁忙的，时间是有限的，如果女人不能有效地掌握时间，就会被交错的人际关系搞得焦头烂额，疲于应付。但若懂得紧急的事情直接解决，不紧急的事情先记录下来，集中某一时间再逐个解决，如此会让你省下不少时间，做起事来也会更加得心应手。

3. 学会换位思考问题

如果女人经常把自己放在对方的立场上去考虑问题，想想自己碰到这类情况时会如何做，那么，她就能更加理性地对待人与物。同时也能赢得对方的满意。

4. 善于表达自己的创意和想法

在工作完成向上级汇报的时候，记住要有自己的想法，如果自己是领导，更应该学会做决定。那些事无巨细、样样汇报又唯唯诺诺、没有主见的人，是不会得到他人赏识的。

5. 努力克服困难

方法总比问题多，没有什么困难是克服不了的。只是你现在还没找到合适的方法，而不是其他的任何原因。

总之，女人要想有所成就，就必须有强烈的自我提升的欲望。只有不断进取，才能随着能力的提高，获得自身实力的提升、他人的赏识以及社会的认可。

明确目标，有效充电

一纸文凭的有效期是多久？美国所做的一项调查表明是5年。在当今知识不断更新、竞争不断激烈的职场上，凭借初始文凭一劳永逸的状态早已成为历史，所以，“充电”已被认为是保持竞争力的有效方法。

但现实生活中，很多女性朋友认为证书越多越好，一看到市场上什么证书吃香，就忙着考什么证书。其实，每个人的发展目标不同，所处的职业生涯发展阶段也不同，如何“充电”还需细细思量。充电万不可盲目，否则花费了金钱和精力不说，更重要的是没有收到任何效果，那就得不偿失了。

张洁大学毕业后进入一家规模较大的人事代理服务公司。工作一年后，由于业绩突出，公司给她涨了工资，但她觉得服务工作太琐碎了，稍不注意就会出差错，经常因此影响心情，所以很想换一份工作。考虑到自己个性安静，再加上那段时间会计很热门，于是她就利用业余时间修会计学，希望拿到毕业证后在公司内部转岗。但是，两年过去了，公司内部并没有合适的转岗机会。

于是她选择了辞职，寻找财会方面的工作。但是因为没有财会工作的经验，张洁所找的工作待遇很一般。最后出于现实考虑，张洁只好来到一家外资公司做销售。而她花了两年时间近万元所学的会计学知识，几年之后就没有多大的用处了。

通过充电来获取职业发展的机会没有错，可以说是一种明智的选择，但不可盲目充电。因为女人们的业余时间本就不是很充裕，若是不能学以致用，那就是得不偿失。因此，女性朋友们在通过“充电”提升自己的同时，还应注意以下几点：

1. 明确目的，找准职业定位

“充电”首先要明确目的，找准职业定位，关注自己所从事或准备从事的行业对人员技能的要求，认真分析人才标准，要对自己的职业发展道路有一个明确的规划。如果我们没有规划过自己的职业生涯，对于自己该做什么、适合做什么都不清楚，这样的话，充电就有些盲目和跟风的味道，效果肯定不好。因此，选择“充电”先要明确自身的职业定位。

2. 以提高自身职业能力为最终目的

在现实社会中，很多人都抱有这样的心理：多一张证书没坏处，不管自己是否需要，先拿个证书再说。其实，这就是过于功利性的表现，这样的“充电”不仅浪费时间，也浪费有限的精力。女人们在决定“充电”之前，必须要找准充电的切入点，学以致用，关注职业所需的专业知识，加强具体工作能力的培养，而不是盲目地跟风。

3. 合理安排好充电的时间

很多女人都是边工作边学习的，这本来也未尝不可，但如果时间安排不合理，就容易与工作发生冲突。所以需要把握好充电的时机，不要在不恰当的时间安排不恰当的充电。

4. 处理好事业、学业、家庭之间的关系

作为职场女士，首先要处理好事业与学业两者的关系，而作为有家庭的职场女士更要处理好家庭、事业、学业三者之间的关系。选择业余充电的方式很多，如果你觉得工作或是家庭因素的排挤导致学习时间不够，你可以选择以网络函授的教育方式学习，不仅学习方式灵活，而且时间上也可自由选择。

5. 充电机构要精挑细选

职场人士“充电”培训的需求促成社会培训机构对培训市场的

争夺，如何在眼花缭乱的培训市场中找到合适的“充电器”，需要职场女士“货比三家”。我们可以从办学机构的机构信誉、课程设置、教材资料、证书价值等方面做评定，真正找到符合自身职业的提升需求，真正行之有效并且保证信誉的培训机构。

6. 制定“充电”目标，一步步向前

职场女士“充电”也必须讲求方法，最重要的是，要为自己制定一个职业发展的学习目标，并细化落实到每一天，在职业规划的基础上每天进步一点点，为自己的未来发展添加持续的动力。

总之，“充电”要有明确的目的，一定要将它作为一个项目来进行研究分析，在不同的阶段，根据自己职业发展的状况、专业水平、工作能力以及今后一段时间的职业定位，进行恰当的选择。这样才能避免盲目“充电”给自己带来的不利影响。

建立良好的人际关系

一个人的能力再强，也是一个有限值，在短时间内不可能突破它的最高点。要想让自己的能力得到无限的发挥，无疑就要借助他人的力量。如果这股外力用得好，将会大大增强你的能力。若你只注重提高自己的能力，却忽视别人，那么你在前进的路上必将受到各种阻力。

杨紫是某所名校的高材生，毕业后如愿进入一家跨国公司做文员。上班伊始，她就暗下决心一定要干出一番成就。可转眼两年的时间过去了，杨紫的能力提高了，工作也有了一定的成效，可是每次职位调动时都自动掠过她，更为气人的是，每次提拔的都是能力不如她的人。

这让杨紫郁闷至极，不知道问题到底出在哪里。一位好心的同事帮她解开了谜团："你确实很努力，也很优秀，但是你太关注自己了，忘记了别人的存在，对人也不太热情，你知道大家背后怎么叫你吗？'冷美人'！大家觉得你不太好相处，这种情况领导也是知道的，公司需要的是员工的团结合作。你这样我行我素，公司怎么敢委以重任。"

杨紫猛然醒悟，回想自己与同事的相处，觉得确实如这位同事所说。症结找到了，在以后的日子里，杨紫逐渐改变了自己的态度，遇事多跟他人商议，学会了委婉地表达自己的感受，让大家愉快地接受自己的意见，同时适当地表现自己的能力。

经过一段时间的调整，杨紫考虑事情成熟了许多。很快的，杨紫与办公室里各路"人马"建立起了良好的关系，而她也在办公室同事和部门主管的一致推荐下升任为经理助理，不仅提了薪，更重要的是，自己的才华有了更为广阔的发展空间。

杨紫从升职受挫到积极主动搞好人际关系，最终升职加薪，说明人际关系在我们的生活和工作中都有着无法估量的作用。因此，作为女人应努力让自己的人际关系丰富起来。如此才能借助他人之力来延伸自己的能力，让自己更有竞争力。

怎样才能建立良好的人际关系呢？网罗人心无疑是一种很有效的方法，只有让别人打从心眼里欣赏信服你，你和他人之间才能建立更为稳固的人际关系。以下几种技巧，女性朋友们可以加以借鉴：

1. 让他人感受到重视

每一个人都渴望受到他人的注意。所以，想要改善自己的人际关系，你要建立的一个重要的观念就是：把你遇到的每一个人都当成世界上最重要的人。这种态度会让你与人交往时神情专注、应对得体，而且赢得人们的认可。

（1）主动同别人打招呼。打招呼背后的含义是“我眼中有你”。生活中，坚持与他人主动打招呼，你的人气就会急速攀升，你就会发现每个人都会喜欢你。

（2）礼貌。对人礼貌背后的含义是“你值得我尊重”。我们有时会对陌生人礼貌，但往往忘记对自己的好友、爱人、家人礼貌。也许我们是觉得大家太熟了，不需要了，而事实上，适当的礼貌，会让自己与身边的人相处得更好。

（3）适度指出别人的变化。指出别人的变化背后的含义是“你在我心目中很重要，我很在乎你的变化”，相反，其意义是“我瞧不上你，我不在乎你”，这是很糟糕的。如穿了一件新衣服，就夸吧，合身的就夸漂亮，不合身就夸有特色，单位的同事，生意的伙伴都是要夸的对象。

（4）记住对方特别的日子或是特别的事情、说过的话，在关键的时候提出来，给对方惊喜。这就需要你平时注意积累，好的方法，是用一个电话本，在对方联系方式的旁边记上他的生日、另一半的名字、孩子的名字、得意的事情。

如果你发现别人说过一些很经典的或给你启发的话。把它们记下来。在某一天，有意无意地说出来。别人一定会很吃惊而且很开心。

（5）了解别人的兴趣与爱好，投其所好。如果对方喜欢音乐，就谈三大高音；对方喜欢钓鱼，就说钓鱼。这个简单方法的生活例子就是，我们钓鱼的诱饵不放我们认为好吃的东西，而是放鱼儿认为好吃的东西。

2. 面带微笑

对他人微笑背后的含义就是“我很高兴见到你”。这对于他人来说，是一个很大的肯定。 有的朋友可能会说，那我心情不好呢，难道也要微笑？当然，我们并没有这样的要求。只是，我很乐意告诉你一个秘密：许多人认为我们是先有心情，然后才有行动的。比如小王说我今天开心，所以工作起来特别顺。而事实上，反过来说也是行得通的，就是我们可以先有好的行为，然后带来好的心情。所以，现在你可以走到镜子面前，先翘起你的嘴角，笑一下。看看，自己是否开心了一些了？快乐是一个习惯，你也可以养成的。

3. 接受他人的不同

每一个人都有自己的观念、喜好、想法。可是，我们总是喜欢把自己的想法、喜好强加到别人的头上。母亲会说：“宝宝乖乖听话，妈妈才爱你。”这句话的潜台词是，“如果你不照我说的办，我就不爱你了”。

其实，人们都渴望可以以自己的本来面目生活，我们喜欢与那些让我们在交往中感到轻松自如、随便自然的人相处。我们不喜欢别人总是对我们指手画脚的，我们喜欢活得自在一些。

4. 学会赞美

与人相处，几句赞美的话是必不可少的。每个人都想客观地了解自己，又想得到他人的认同，如果被他人所赞美，往往会有种成就感，也往往对赞美她的人产生好感。

提升自己的价值，使自己成为绩优股

要想赢得别人的认可，或者别人的器重，最有效的方法就是增强自己的“可利用”价值。

“可利用”价值，这个词听起来好像过于功利了，而人际关系心理学家认为，互利是人际交往的一个基本原则。在你付出价值的同时，你也会有所收获。

因此，无论你是春风得意还是马失前蹄，都应该记住：你之所以能立足于激烈的竞争中，是因为你今天的“可利用”价值，如果不随时随地提升自己的价值，也许明天你就会变得一文不值。

如果单从梳着一条马尾辫和那张总是带着笑容的稚气脸上，你很难想到这个貌不惊人的女孩竟是一家较有名气的外资企业的总经理秘书。更让人不敢相信的是，这个只有高中学历的女孩，竟然能够流利地和两位不同国籍的经理——一位英国国籍经理，一位法国国籍经理交谈。她不仅让他们承认了她，而且有时他们还听命于她的“发号施令”。

一年多前，她踏进了目前的这家公司。在外企就职，对于她这样一个只有高中文化水平的女孩而言本来就很艰难，却还要面对两个不同国籍、有着不同文化背景的外国老总，工作难度简直不敢想象。但对于外柔内刚的她来说，越是不可思议的事情，她越是觉得富有挑战性，越是有兴趣。

刚进公司那段日子是最难熬的。经理们只把她当成个干杂事的小职员，不停地派些零七八碎的事情让她做，同事们也当她是个杂工。但她不在乎这些，她抓紧一切机会去学习，学外语，学业务知识，寻找着让别人认识自己的机会。

除了把工作做得周到细致外，她还把自己所能见到的各种文件，全部都“抢”到自己的工作台上，只要有空就去认真翻阅琢磨，了解研究公司的业务。对于外文文件的文字障碍，她不厌其烦地翻看英文字典和法文字典。时间久了，她对公司的业务可以说了如指掌，为自己进入通畅的良性工作循环状况做了充分的准备。

作为一个大公司的职员，没有足够的现代知识武装头脑，失去机遇的可能性就是百分之百。她给自己制订了严格的学习计划——学习外语，学习计算机。在她的时间表里，休息日的概念早已模糊。在正常的五天工作日，她必须像其他的职员一样坚守工作岗位，同时把老总们所要做的一切安排得井井有条。为此，她常常要加班，时间在她那儿已被挤压得没有什么空隙，经常是别人都快下课了，她才急匆匆地赶到，抱歉地向老师打个招呼，就全神贯注地进入了学习状态，有时又是留恋着不得已提前退出了课堂。就是这样，她还是风雨无阻地坚持着。

对于一个只有高中学历的柔弱女孩来说，她所遇到的种种困难并非他人可以想象的，但是她成功地站稳了脚跟，并且成为这个公司的杰出者。这一切正是因为她很清楚知识对于竞争的作用，并努力提升自己。

女人必须明白，只有让自己永远具有可利用的价值，不断创造自己的价值，才能得到别人的赏识和重视。就算你现在实力欠佳，也应抓紧一切时机提升自己，使自己成为绩优股。

有方有法，学习才有效率

一旦方法对路，学习效率就会凸显出来。从某种意义上讲，方法是一切学习效率得以提升的根基，是有效解决一切问题的必要条件。如果一个女人有韧性，但是不知道如何正确地学习，那么她势必要付出更多的时间和精力去完成别人轻松就能达到的学习效果。

也就是说，你必须掌握一套行之有效的学习方法，如此你才能在提升自己的同时获得更好的学习效果。那么具体方法有哪些呢?

1. “锥型”学习法

诺贝尔经济学奖获得者——美国的西蒙教授指出：“对于一个有一定基础的人来说，他只要真正肯下工夫，在6个月内就可以掌握任何一门学问。”

我们把这种学习方法称为“锥型学习”。知识的专一性像锥尖，精力的集中好比是锥子的作用力，时间的连续性好比是不停顿地使锥子往前钻进。

研究表明，人脑的潜力是很大的。人的大脑是由150亿个神经元组成的，每个神经元可以接受数千万种不同的信息。人脑可以储存相当于一个人读了300万年书所接受的信息量。以记忆力而言，据有关资料介绍，假定18 ~ 35岁的记忆力为100%，36 ~ 60岁为95%，60 ~ 85岁为85% ~ 80%，30岁以后，记忆力开始衰退，每年不到1%，但理解力的加深和经验的增多弥补了这个缺陷。

学习者没有必要面面俱到，应从本职工作出发，根据目标的需要学习知识，这样学习的知识都是有用的。像锥子一样，照准一个眼深钻下去，你就会取得清澈的泉水。

2．“螺旋上升”式学习法

螺旋上升式学习方法，就是用一系列的循环知识单元，来代替平铺直叙的知识积累和阐述。这种“螺旋上升”的学习，具有“格式塔”的特征。“格式塔”指的是把许多现象综合为功能单元的一种系统，是整体大于各部位总和的一种循环。后一循环需要前一循环为基础，而又比前一循环更深、更高，而且后一循环的学习，又使前一循环得到了丰富的补充。

“螺旋上升”式学习法，以学习者感兴趣或想研究的内容为学习目标。起点可以是某个基本概念、某个公式，甚至可以是自己的某种设想。从这个起点出发，我们围绕着中心内容学习，掌握与中心内容有直接关联的基本知识。经过一个阶段的学习，使基本概念得到掌握，公式得到理解和运用，设想得到丰富和完善；同时还了解与所学内容有关的知识领域，领略了所学知识的概貌。在这一循环的学习中，又会遇到新的概念、新的问题，再以此为新的起点，进一步循环，进一步学习，进一步开阔视野。

这种学习方法对那些既无优越的学习条件，又不具备超群智力的广大学习者是有益的。只要我们有毅力，并借助图书馆的书籍、资料，以“螺旋上升”式方法学习，一定能够在较短的时间内获得较多的知识。

3．快速学习法

知识的更新越来越快，传统的死记硬背的学习方法已不合时宜。几年前出现了一种新的学习方法——快速学习法，能使人们以高于常法5倍的速度灵活、迅速地掌握新知识。

在用这种方法学习时，先不求完全的理解，也不去听别人的讲述，而是直接根据书前的目录，动员自己所有的潜在知识，进行一次“自我讲授”；讲完后打开书本，进行第一次通读，通读时不记笔记，只是在不太了解的地方划上记号；然后，再用自己的语言编制出一张精练的“目录一览表”，对照进行第二次自我讲授，许多模糊之处也会渐渐清晰起来，印象也天天加深；然后，第二次通读教材，这样，经过 4 ~ 5 个回合的自我讲授和通读、精读后，你就能熟练地掌握这门新课程了。

此外，劳逸结合才更能提高学习效率。抓紧一切时间学习的精神令人钦佩，但是不值得提倡。因为大脑需要充分的休息，而不能超负荷运转。如果没有足够的睡眠时间，会导致大脑疲乏，不容易集中精力接受或反馈信息。我们不能盲目追求学习时间的绝对值，而应着力提高时间的利用率，即在精力充沛的情况下学习。这样我们才会收到事半功倍的效果。

好学不倦，不断增加自身魅力

魅力是一种吸引人的力量，魅力是一种吸引人的气场。

你一定注意到，某些女人就是特别有吸引力，特别有气场，她们无论到哪里都受欢迎。她们坐在哪儿都很耀眼，谁都喜欢和他们交朋友；在与异性交往中，她们也总是如鱼得水，很能吸引人。简单说，这些人就是“CQ”比较高。所谓CQ，指的是“魅力商数”，也就是魅力的智商。

魅力不仅指外表的美丽，更是心灵素养与道德情操的外延显示；魅力不仅指外表深沉冷峻，更是文化底蕴与人生阅历的自然流露。富有理想，给人以豪壮感；善于创新，给人以敏锐感；循循善诱，给人以吸引感；坚定冷静，给人以稳重感；豁达大度，给人以宽厚感；一身正气，给人以钦佩感。

美国加州大学的里吉欧曾对“魅力商数”进行了广泛地研究，他将魅力分解为六项元素：情绪表达力、情绪敏感度、情绪控制力、社交表达力、社交敏感度和社交控制力。也就是说，魅力的核心是“情绪”及“社交”。要累积“魅力商数”，有四招必不可少：

1. 拍摄和记录自己的活动

魅力是可以训练的，而且短期就可奏效。里吉欧建议，把自己的活动拍摄下来，仔细研究你的面部表情及其代表的含义，并学习如何表达面部表情及肢体语言。同时利用角色扮演，学习在各种社交场合都能收放自如。

2. 参加各种训练魅力的社团

现在社会上有林林总总的社团。年轻女性可考虑多参加“戏剧社”，学习更好的自我表达方法；或是“摄影社”，学习更准确地捕捉表情；或是“心理成长研习班”，学习更自然地分享自己，扮演各种角色并了解他人的角色。

3. 善用“渴望”培养能力

里吉欧建议，想要成为有魅力的人，一定要“渴望”(DESIRE)去接受训练以培养魅力。他通过对 DESIRE 的各个字母的分解，将其解释为六条法则，以下是针对他的观念所提出的建议：D：Dedication(投入)。魅力的培养需要当事者不断地自我反省和改进，以期能持续和全心的投入。E：Energy(充满活力)。投入时间、精力去克服激发魅力的阻碍。S：System(循序努力)。逐步改善，把小缺点都改善，就像是刮掉污垢，渐渐磨光，自然洁白如新。I：Individuality(考虑个别差异)。记录优缺点，配合差异来修正。R：Reviewofprogress(检讨进程)。分析检讨各阶段的修正状况。E：Enthusiasm(热情、热心)。唯有狂热的心志，才可丢掉以往有缺失的自我表现方式，并以自己的热情交到更多的好朋友。

4. 观察和学习有魅力的人

有魅力的人，总是一开口就引人入胜，使人倾听。他们善于运用简洁诚恳的语言与人交谈，即使声调平和，一样动人心弦。无论在什么地方，他们都有强烈的社交敏感度，会尽力了解团体互动的规则，以易于让人接受的方式与人相处。他们会有良好的社交控制力，能够兼顾情、理、法，表现合宜的行为。

魅力是提升气场必不可少的要素，也是建立自信的来源。“有魅力”不难，好学不倦、勤加练习、逐步累积，就会增加十足的魅力。魅力不但使自己更快乐，也容易赢得他人的喜爱和自己事业的成功。

第九章
女人要独立，做别人眼中的主角

“尊严来自实力”。一个依靠男人养活，事事都需要依赖他人的女人是很难得到别人的尊重的。女人只有在精神上和经济能力上有了自由和独立，才能有更多的追求，才能成为众人眼中的主角，才有资格谈感情，因为大部分男人不可能把时间花在去等待和改变一个女人上，失去了你这棵小树，他还有整片森林。因此，女人一定要独立，要好好地生活，不能被生活打败，永远不要把思想依靠在别人的身上，要掌握在自己手中。

女人应该有自己的事业

“我不希望你太忙于工作，那样我会心疼的，其实女人也不需要有什么成就。只要专心在家做个好太太就好。”于是，很多女人在男人这样的甜言蜜语中辞去了工作做起了全职太太。可是等到有一天，女人却发现，曾经那个自信的自己不见了，家庭的琐碎让她变成了“易爆品”。由此，我们说：女人一定要有自己的事业。

有事业的女人很美，看她们闪展腾挪，展现自我。学习中的女人很美，才情横溢，和这样的女人生活，乐趣是难以言表的，她们或许不是花瓶般的绚丽，但会让你静，让你甜，让你乐，让你敬。

其实，家庭与事业之间并不矛盾，只要使工作和生活达到平衡即可，而许多事实也证明女性都具有平衡工作和生活的智慧。

婚姻和家庭是每个人都要经历的事，建立一个和睦、温馨、幸福的家庭，确实是人生之大事，家庭又是社会这个庞大肌体的细胞，与社会有着紧密的联系，承担着许多社会功能。每个人都爱自己的家，因为，它是生活休息的港湾，是我们奋进的起点，它给我们带来了快乐，带来了宁静，也带来了相互理解和共同克服困难的勇气。生活在幸福的家庭会让我们觉得自己是最幸福的人。

但在生活中，一个成功的女人不但要经营好家庭，还要搞好工作，这两方面要互相协调。因为工作是家庭幸福的基础，而家庭是女性成功的坚强后盾。

总之，作为一个女人，不管你属于哪一种类型，清新淡雅也好，聪明美丽也好，真诚善良也罢，一定要有自己的事业，要有一定的

经济基础。女人有了自己的事业，才能够经济独立，有了经济独立的资本，才能够谈到人格独立。女人人格独立，才能做到真正独立

独立是一个很高的境界，需要高素质的心态和全新的价值观。如今，越来越多的女人开始懂得独立的重要性，并积极去追求独立的生活。

而女人要想人格独立，首先就要做到经济独立，只有这样你才有可能得到别人的尊重。

陈燕妮是一个事业有成的女人，她的第一本书《告诉你一个真美国》，受到读者的热烈欢迎。随后几本讲述华人在美创业以及华人回国经历的书一经面市，就成了当季的畅销书。后来，她创办了《美洲文汇周刊》，自己担任总裁。

她认为一个女人首先应该独立，有了成功事业的女人才会有充足的自信，才会体现出气质的优雅，而且这种自信比年轻貌美的自信来得更有理由。

有一次记者采访她的时候问："听说在美国有很多全职太太，她们的生活全部围绕着家庭，相对简单而少有压力，你有没有想过这样简单的生活呢？"

"没有，从来没有。"陈燕妮坚决地摇头，"我无法想象向别人伸手要生活费的滋味。我曾经因为工作的转换而在家待了几个月，那段时间太可怕了。除了老公以外，精神没有任何依托，整天在家无所事事。到后来看老公都有点小心翼翼的，现在想想挺可笑。美国的报刊竞争很激烈，我做的事情等于是在和美国的男人抢饭碗，但我宁愿在社会上拼搏，争夺自己的天空，也不愿整天在家洗衣做饭，等老公回家。"

作为一个女人，在经济上取得独立，不依靠任何人，这样才不会被人看不起。独立，是幸福的前提。如果一个女人以为结了婚，

终生就有了保证，这辈子只要给丈夫洗衣做饭，每天窝在家里就行，那么她迟早会失去婚姻的主动权，变得没有任何地位。

只有首先取得经济独立，保障基本的生活需要，才能更大程度地满足生活中其他的需求，也才能在相对独立的生活空间中与他人和谐共处。

女人要有自己的真心朋友

朋友是巨大的财富。许多时候，朋友之间的关心、帮助、体贴胜过兄弟姐妹，胜过夫妻。而且深厚的友情往往更隽永，更真挚，更持久。因此，女人一定要有属于自己的真心朋友。

但在现实生活中，有相当一部分女人，一旦有了爱情，便囿于爱情与家庭，并全心全意地投入，与过去的朋友明显的疏远，对深深浅浅的友情也不那么爱惜了。她们的借口是“没时间，太忙了。”是啊，结婚后的女人确实有许多事情要忙，但总不至于跟朋友打个电话、发个短信的时间都没有吧。

三毛曾说：“我的心有很多房间，荷西也只是进来坐一坐。女人要有自己的社交圈，别一谈恋爱就和所有的朋友断了往来，这只会让你的生活越来越狭窄。”的确，交友不仅是感情的交往、交流，还是生活的必要扩充。每个人都有一定的局限性，生活的环境、生活的内容、生活的经历都被内外的因素规划了、圈定了，由此，自己的视野、见地、经验、心胸，便容易为这种“规划”与“圈地”所限制，多属狭小、浅薄、片面。

所以，女人无论是结了婚还是有了孩子，千万不要排斥自己从前的朋友，要保持你从前和朋友们在一起时的爱好，保持自己除了爱情以外的一切感情联系，这样你的生活才会更丰富，更完善，你才会得到友谊、爱情双丰收的结果。

当然，有一部分友谊的丢失并不完全是因为女人专注于家庭，而是因为人们经常忙于自己的事务，再就是一些朋友由于某些原因而远走他乡，或许刚开始还能有一两个短信，但随着时间的增长，联系也就慢慢地断了。等到某一天用到朋友时，才发现已很久未联系。但是聪明的女人却从不轻易透支自己的友情，她懂得友谊是要双方共同经营、养护的。所以隔三差五的一个电话、一条短信，都能带着思念跨越千山万水，让你与朋友相互交流思想和信息。

真正的友谊是女人一生中最美好的东西，它摒弃了人世间的丑恶，而代之以思想情感的默契和支持，形成了为共同事业奋斗的力量。所以，女人在一生中必须交几个真心朋友。只有这样，在我们感到孤独的时候，他们才会给予我们慰藉；在我们感到恐惧的时候，他们才会增强我们的安全感；在我们渴望安静的时候，他们才会给我们时间，让我们一个人保持安静。我们的人生也才会因有了朋友而更加精彩，生活更加幸福。做自己想做的事。

生活中，无论何时何地，那些为梦想而努力的人总能吸引众人的眼球，让人不由自主地想靠近，不由地伸出援助之手，以帮他们尽快的梦想成真。我们也会被他们为梦想而努力的精神所折服，不由地为他们鼓掌。可以说，梦想让他们的气场变得强大，而这强大的气场也激励着我们去做自己想做的事。

相信许多女人在幼儿园老师有意无意地引导“你将来长大了想做什么”中，奶声奶气地回答：“我要做这个”或是“我要做那个”。可等到我们长大以后，我们就像完全脱胎换骨一样，完全不记得自己曾经立下的雄心壮志。

当然，小时候由于单纯或是不谙世事，立下的志向有些荒谬也是可以理解的。可是现实生活中，也许为了生存，你不得不做自己不愿意做的事情，而且似乎已经习惯了在忍耐中生活。可是你的内心终究是无法得到真正的快乐和幸福的。

那么，既然无法从现在的生活中得到真正的快乐，为什么不努力去追求梦想的生活呢？是的，我知道你的顾虑，毕竟梦想很丰满，现实却很骨感。可若不趁年轻去追逐自己的梦想，难道要等到满头银发时空悲叹吗？

因此，无论有多大的困难，女人都应该找到自己内心深处真正需要的东西。甘愿迷失方向的人，她永远也走不出人生的十字路口；只有那些不愿随波逐流、不甘陈规束缚的女人，才有勇气和魅力解除捆绑自己身心的绳索，找到自己想做的事情，并从中享受幸福的感觉。

当然，一个人在自己的一生中，不可能只做自己喜欢的事情，还有许多自己不喜欢的事情不得不做。那么最好的方法就是多做一些自己想做的事情，这样才能开心地工作和生活。但若没有机会做自己喜欢做的事情，那么我劝女性朋友们，请享受你目前正在做的事情。把目前的职业想象成一个蛋黄，把它放在理想的中心，考虑它日后的可能性、生命力等，之后再扩大自己的业务领域。相信一旦机会来临，你同样也能梦想成真。

爱护自己，善待自己

夏天，一只小猴子在树上跳来跳去，突然它发现了一个鸟窝。小猴子无比兴奋，伸手就去抓。那些会飞的小鸟受到惊吓都逃走了，只有一只最小的鸟还在窝里。小猴子乐得欢蹦乱跳。它捉住小鸟，把它带回家去。

可怜的小鸟是那么的娇小。小猴不断地抚摸，把它紧紧地抱在胸前。“多么可爱的小鸟啊！我是多么的爱你！”小猴子忘乎所以地喊道。

在以后的岁月里，小鸟饿了，小猴子给它找食物；天寒了，小猴子给它筑巢；在一个地方呆烦了，小猴子还会带着它到各处去玩。

慢慢地，小鸟长大了，小猴子也老了，不能动了。猴子希望小鸟能叼来食物给自己吃，可是习惯了被悉心照顾的小鸟觉得这只猴子变心了，不喜欢自己了，于是就飞走了。

俗话说：“一斗米养个恩人，一石米养个仇人。”就是说，你对别人适度的好，对方会感激你，也会回报你，但如果你对对方太好，时间长了对方就麻木了，而你某一次达不到原来的标准时，还会引起对方的不满，这样反倒得罪他。用通俗的话来说，就是你把对方给惯坏了。

这在女人对男人、对家庭的付出中经常可以看到。

慧在上大学时，认识了比她高两年级的同系男生，她们很快就进入了热恋。大学毕业时，慧按计划准备考研究生，她的男友却说："咱们结婚吧，我非常需要你。"是结婚还是考研，她一时也拿不定主意。

其实现在看起来结婚和考研并不一定矛盾，但那时慧认为，既然结婚就要做个好妻子，如果读研究生就一定没有时间照顾丈夫，如果做妻子的因读书而冷落了丈夫，那是非常不对的。人们常说，爱就是奉献，慧对此深信不疑。于是，她决定放弃自己的理想，和丈夫一起建筑他们爱情的港湾。

毕业后，慧当了一名教师，丈夫在工作了一段时间后准备考研。在丈夫准备考试的时候，慧发现自己怀孕了，妊娠反应很厉害，经常是东西吃进去不久又都吐出来。可是丈夫正在忙着准备考试，不仅无暇照顾她，还需要她的照顾。为了丈夫能安心考研，慧经常是一边吐，一边做饭。但是想想丈夫将要实现自己的梦想，她暗暗地咽下了所有的痛苦，她想等他考上研究生就好了。后来丈夫如愿以偿，孩子也生了下来。

这时的慧就更忙了，既要工作，又要照顾孩子，还要照顾在上学的丈夫，一整天就像是上了发条的陀螺一样忙个不停。接送孩子、买菜、做饭、洗衣、收拾房间，慧几乎承包了所有的家务，但当她看到可爱的孩子，看到刻苦读研究生的丈夫，她是欣慰的，她感到幸福无比。

当然为了更好地照顾好家，慧几乎放弃了自己的一切爱好。她已经很长时间没去商场为自己选购一件称心的服装，没有了和朋友们高歌一曲的兴致，甚至连自己爱看的电视连续剧也不能从头看到尾。但是她从不抱怨，她觉得自己的付出是值得的，因为她的家庭有了她的付出更加和谐幸福。

但事实却并不是这样，慧原本以为丈夫毕业后，他们就会迎来他们的第二个蜜月，他会对自己的奉献给予回报。可是事实是他们的关系却大不如从前了。丈夫毕业后，去了一家合资企业。他的工作很忙，经常是深夜才回到家，一脸的疲惫。让慧更加生气的是，丈夫竟然懒得与她说话了。有时，慧忍无可忍地对他说："咱们也该聊聊了。"可他说："这么长时间的夫妻了，还有什么好说的。"有时，他还会说："说点儿别的行不行，整天不是东家长就是西家短的，真没意思，就知道自己眼皮底下的那点儿小事，层次太低，整个一个家庭妇女，没劲。"

终于，丈夫向她摊牌说自己爱上了别人，慧的心在颤抖，她问："我有什么对不起你的地方吗？"

他说："你没有对不起我的地方，可是现在和你在一起，我一点儿感觉都没有。你整天都是那些婆婆妈妈的事，一点儿也不像过去那样有理想、有激情。"

慧说："人总得有良心吧，你上学的这些年，孩子、家还有你的吃穿用，里里外外哪一点儿不是我在操持？如果我当时也去念书，不管这个家，你能有今天吗？我是为了你才做出牺牲的。"

但是他说："牺牲和爱情是两码事。"

心理专家分析，女人一旦动情，很容易忘记自己，跟着对方喜、怒、哀、乐的情绪流转，像咖啡伴侣一样迎合着、交融着。想着他的想，爱着他的爱，感动着他的感动。简单地认为只要他快乐，我就快乐。这样的爱情，势必相爱容易，相处太难。

因为女人一旦迷失了自己，变成了他要的你，那么你的魅力也会一点点从他的心中流失。他喜欢你偶尔的野蛮任性，你却把自己变成听话的淑女；他喜欢你的独立自信，你却为他变成了蓬头垢面的家庭主妇。

其实爱一个人的时候爱到八分刚刚好。爱到八分的时候，思念的酸楚只有八分，独占的自私只有八分，等待的煎熬只有八分，期待和希望也只有八分：剩下两分则要用来爱自己。但是，如果已经爱到了八分还继续付出，爱到忘了自己，给对方造成沉重的压力、双方没有喘息的空间……就完全失去了爱情的乐趣。

所以，女人们，不要为了爱的人而迷失了自己。你在为别人付出的时候，也要记得为自己保留一份美好的容颜和身形，更要提高自己的知识技能。要为自己留出一些时间和空间，给自己一个放松的机会，做自己想做的事。其实善待自己就是善待家人、善待朋友。给自己一个微笑，在忧郁时，要学会释放；在失落时，不妨幽自己一默。学会面对困难，要珍惜自己，爱惜自己，保护自己；要不断地充实自己。拥有爱情，懂得生活，会善待自己，才是女人的真谛。

女人独立，生活才会丰富充实

对于气场女人来说，独立必不可少。女人只有获得了独立，才能有更多的追求，才能成为别人眼中的主角。

女人不要一味地围着家庭转，而要有自己的工作，有自己的追求，有自己的闺中密友，有自己独立的生活、娱乐空间。在经济上，不依靠任何人；在感情上，不依赖某个人；在思想上，不盲从任何人。女人要不断地磨炼自己的意志，增长个人才干，只有这样才能展示自己，挖掘自己，实现自己的价值，才能赢得别人的尊重，增强自己的气场。

1992年，一个默默无闻的海南女孩告别家乡，只身踏上宝安这片陌生的土地务工。如今这名女孩已经是宝安区数百万劳务工耳熟能详的模范人物。

她就是熊永兰。她并未创造奇迹，但对于宝安数百万劳务工而言，她的故事却有着奇迹般的吸引力：16年间，她孜孜以求，从流水线上的一名普通女工化蛹成蝶，成长为闻名全国的杰出务工青年、大型国企管理人员。她的奋斗与“蝶变”历程如同一盏心灯，照亮了无数心怀梦想的劳务工。

熊永兰的身上有一种令人振奋的精神内核，那就是：不屈从于命运摆布的自强、自立，勇于挑战自我的自信以及助人为乐的豁达。

每个女人都不缺乏梦想，只要你能够积极努力追求，就一定可以实现。但是不论你的愿望是什么，不论你的目标是什么，在追求的过程中都要记得保持独立自信。

独立的女人有自己独到的见解，有自己的生活空间。这样的女人有内涵、有主张，可以无视岁月对容貌的侵蚀，懂得打扮自己，更懂得需要打扮的不仅是外表，还有内在的魅力，她会悄悄地用智慧的头脑把自己打扮得精致而有品位，秀外慧中、动静皆宜。

女人要想从里到外都透出气场，就应该首先获得经济独立，这会让她们享受到成功的满足感，这种满足感能让她们变得优雅自信、神采奕奕。

当然，女人的独立不仅体现在物质上，还体现在精神上。如果一个女人的精神世界被别人所支配，那么她就像笼中的小鸟一样失去了自由，同时也失去了美丽的权利，气场也就无从谈起了。

所以，女人一定要学会独立。一个经济上、感情上、心理上和能力上都独立的女人，她的生活必然是丰富而充实的。

自立自强，女人更有气场

自立自强的女人身上有一种吸引人的东西，它会让人们不由自主地把目光投向她，不由自主地向她靠近。也就是说，自立自强的女人身上有一种吸引人的气场，而这种气场也会使她获得更大的发展和成功。

人欲立，先自立，唯自立者，人恒立之。自立是女人发展与进步的动力源泉。要知道，一个永远受制于人、被人或物束缚的女人是享受不到创造之果的甘甜的。人的发现和创造，需要一种坦然的、平静的、自由自在的心理状态。女人的悲哀，莫过于失去自我。

因此，女人不要总是听凭他人摆布，必须善于自己做出抉择，要勇于驾驭自己的命运，做自我的主宰。

女人要自立。从近处说，要自主地选择书本，选择朋友，选择服饰；从远处看，不要被种种因素制约，要自主地选择自己的事业、爱情。

如果一个女人总依赖别人，就会失去物质和精神生活的独立自主性。依赖他人的女人不能独立思考，就会缺乏勇气，自我肯定性也较差，总爱陷入犹疑不决的困境，做每一件事都需要别人的鼓励和支持，借助别人的扶助和判断。依赖他人的女人还会表现出一定的性格倾向——好吃懒做、坐享其成、不思进取。

依赖别人的女人只能成为他人的附庸，毫无魅力所言。所以，想成为气场女人就要脱离对别人的依赖，独立地发展和锻炼自己。要做到这些，不妨从以下几点着手：

1. 消除身上的惰性

依赖心理产生的根源往往是一个人的惰性。惰性是怕吃苦、不努力的派生物。要消除依赖心理，先要消除身上的惰性，要消除惰性，就得锻炼自己的意志，处理事情的时候，要果敢上前，说做就做，该出手时就出手；还得有灵活的头脑，要善于思考，勤于思考，拿出自己的见解。

2. 培养自己的独立意识

女人有自己的思维，要自己替自己做主，要明白：只有自己的劳动所得，才是真正属于自己的；只有享受自己的成果，才会得到真正的快乐。自立才能自强，自强才能收获，收获就是欢乐。

3. 从小事做起

一下子就独立起来有些难，但女人应该试着反思自己的言行，一步一个脚印地去做。任何事情都是这样，不可能一蹴而就，需要慢慢地起步，一步步地积累，最后获得成功。

自立自强永远是一道最美的风景线。要想成为一个气场强大的女人，就必须拒绝对他人的依赖，独立起来，真正做到凡事靠自己！

第十章
做一朵铿锵玫瑰，赢得气场

人的一生不可能一帆风顺，多多少少总会有一些坎坷和波折。但是，困境中往往蕴涵着很多机遇，它或许就是改变命运的要素之一。智慧女人不惧怕困境，她们总会选择在困境中微笑，从而穿过风雨迎接人生的彩虹！

坚强的女人永远美丽

女人的坚强来自于她们能把自己本身所具有的聪慧与灵性、勤奋与追求调动出来，来自于她们善于独自思考，不甘平庸，勇于走自己的路。所以精明强干的女人往往有着自己独特的行事作风和处世原则，能展示特殊的个性，使别人了解自己、注意自己。从这个意义上说，女人的坚强无疑是一种力量。

在一个坚强的女人面前，谁都不妨试问一下自己：你愿意和什么样的人同甘共苦，分享这个世界？是那些尊重你的个性与自我意识的人？还是那些让你一味屈从，把你只当做驯服工具和牺牲品的人？是那些自身就有个性与自我意识的人，还是那些说话千篇一律、墨守成规、死搬教条的人？是那些对自己的存在和选择承担责任的人，还是那些试图把这种责任推卸给你、依赖于你的人……我们这样试想之后不难得出一个正确的结论。

坚强让女性获得了尊敬，获得了成功。

坚强的女性了解她们自己是什么样的人，相信什么，了解自己在现实生活中所扮演的角色、潜在能力，将来要去承担的角色和要达到的目标。她们从经验中，或凭借着洞察力、反馈信息和判断力不断学习和加深对自己的了解。她们在生活中不是只靠动动手脚做事，而是开动脑筋，充分利用自己的智慧。

坚强的的女人，碰到困难时，她第一个念头要告诉自己："它来了！这是必经的进程，只有自己能帮助自己，所以我要勇敢面对，现在就想办法处理！"遇到困难时，越是坚强的女人，越有一股让人尊敬与心疼的魅力，唯有自己表现得更坚强，别人才能帮助你。

不断用心灵的力量来为自己打气，然后要比平时更振作，才能让自己走过生命的黑暗期，迎向灿烂的光明。

女人的伟大与美丽绝不仅仅限于外表，她们内心潜在的一种热情会让人震撼，她们胸中涌动的一种精神会让人敬仰，这就是坚强。坚强的女人有一种力量，一种可以改变整个世界的伟大力量，因此，做一个坚强的女人吧！

生活的困境并不可怕，笑着去面对它吧

有这样一个寓言：有一天，农夫的一头驴子，不小心掉进一口枯井里，农夫绞尽脑汁想办法救出驴子，但几个小时过去了，驴子还在井里痛苦地哀号着。

最后，这位农夫决定放弃，他想这头驴子年纪大了，不值得大费周折去把它救出来，不过无论如何，这口井还是得填起来。于是农夫便请来左邻右舍帮忙一起将井中的驴子埋了以免除它的痛苦。农夫的邻居们人手一把铁锹，开始将泥土放进枯井中。

当这头驴子了解到自己的处境时，刚开始叫得很凄惨。但出人意料的是，一会儿之后这头驴子就安静下来了。农夫好奇地探头往井底一看，出现在眼前的景象令他大吃一惊：当扔进井里的泥土落在驴子的背部时，驴子的反应令人称奇——它将泥土抖落在一旁，然后站到铲进的泥土堆上面。就这样，驴子将大家铲倒在它身上的泥土全部抖落在井底，然后再站上去。很快地，这头驴子便得意地上升到井口，然后在众人惊讶的表情中快步地跑开了。

事实上，女人在生活中所遭遇的种种困难和挫折就是加在我们身上的“泥沙”。换个角度看，挫折也是一块块的垫脚石，只要女人勇敢地将它们抖落掉，然后站上去，那么即使是掉落到最深的井，也能安然地脱离险境。

困境中蕴涵着很多机遇，它或许就是改变命运的要素之一。如果女人以微笑的表情、沉着稳重的态度面对困境，助力往往潜藏在困境之中。《容斋随笔》言：“圣人不畏多难，而畏无难。”对于逆境，弱者将它看成毁灭自己的“魔咒”，强者把它视为造就自己

的“福音”，选择权在自己手里。聪明的女人都懂得这一人生哲理，所以，她们都会选择在困境中微笑，从而穿过风雨迎接人生的彩虹。

《庞城末日》里有这样一个故事：意大利古城庞培城里有位双目失明的卖花女，她叫倪蒂雅，她是个非常乐观，也非常自信的女孩子。虽然失去了光明，但她却没有垂头丧气地把自己关在家里，而是像常人一样靠劳动自食其力。面对不幸，她没有抱怨，而是像平常人一样卖花养活自己。

有一天，维苏威火山爆发，庞培城也发生了大地震，整座城市被笼罩在浓烟和尘埃中，一片黑暗。人们跌来碰去地寻找出路却无法找到。倪蒂雅虽然看不见，却因为这些年走街串巷在城里卖花，她靠着自己的触觉和听觉找到了生路，而且还救了许多人。所以，她的不幸这时反而成了她的大幸。

上苍真的很公平，命运在向倪蒂雅关闭一扇门的同时，又为她打开一扇窗。其实生活中，我们也应看到困境的两面，“蚌病成珠”就是对它的最好诠释。蚌因身体上嵌人砂子，伤口的刺激使它不断分泌物质来疗伤，到了伤口复合，旧伤处就出现一颗晶莹的珍珠。哪粒珍珠不是由痛苦孕育而成的？任何不幸、失败与损失，都有可能成为我们成就事业的有利因素。

在困境中微笑，才是聪明女人应该选择的做人方式。微笑是我们每个人都拥有的权利，它是一种阳光的心情。每天都微笑会使女人心情愉快，缓解各种压力。尤其是面对困境时，还能以微笑对之，更是一种直面人生的智慧和勇气。

生活中的困境就像生活中偶尔出现的意外一样，当你只把它看做是意外，你会发现：其实一切都没什么，如果你能抓住这个机遇，它就是一个成功的开始。

没有经历过困境的女人是不完美的，而那些能在困境中站起来并带着微笑的女人，才能体会到人生的精彩。因此，成功的女人总是有直面生活的勇气。

失败了也要昂首挺胸

面对失败，有人把它看做是一种惩罚，一场灾难，从而放弃真正想要得到的东西；而有人则把它视为一种恩赐，一种机会，从而进一步充实和完善自己，向所要达到的目标继续前进。前一个人是失败者，后一个人是成功者。

在人生的舞台上你可以发现，几乎大部分的成功者，都有非常艰辛，不断接受挫折、失败打击的经验过程，而他们也都撑过来了，并且转化成对自己有利的经验及能力，从而协助自己创造更大的成绩。

有一个年轻人，从很小的时候起，他就有一个梦想，希望自己能够成为一名出色的赛车手。他在军队服役的时候，曾开过卡车，这对他熟练掌握驾驶技术起到了很大的帮助作用。

退役之后，他选择到一家农场里开车。在工作之余，他仍一直坚持参加一支业余赛车队的技能训练。只要有机会遇到车赛，他都会想尽一切办法参加。因为得不到好的名次，所以他在赛车上的收入几乎为零，这也使得他欠下一笔数目不小的债务。

那一年，他参加了威斯康星州的赛车比赛。当赛程进行到一半多的时候，他的赛车位列第三，他有很大的希望在这次比赛中获得好的名次。

突然，他前面那两辆赛车发生了相撞事故，他迅速地转动赛车的方向盘，试图避开他们。但终究因为车速太快未能成功。结果，他撞到车道旁的墙壁上，赛车在燃烧中停了下来。

当他被救出来时，手已经被烧伤，鼻子也不见了。体表烧伤面积达 40%。医生给他做了 7 个小时的手术之后，才使他从死神的手中挣脱出来。

经历这次事故，尽管他命保住了，可他的手萎缩得像鸡爪一样。医生告诉他说：“以后，你再也不能开车了。”

然而，他并没有因此而感到绝望。为了实现那个久远的梦想，他决心再一次为成功付出代价。他接受了一系列植皮手术，为了恢复手指的灵活性，每天他都不停地练习用残余部分去抓木条，有时疼得浑身大汗淋漓，而他仍然坚持着。

他始终坚信自己的能力。在做完最后一次手术之后，他回到了农场，换用开推土机的办法使自己的手掌重新磨出老茧，并继续练习赛车。

仅仅是在9个月之后，他又重返了赛场！他首先参加了一场公益性的赛车比赛，但没有获胜，因为他的车在中途意外地熄了火。不过，在随后的一次全程200英里的汽车比赛中，他取得了第二名的成绩。

又过了2个月，仍是在上次发生事故的那个赛场上，他满怀信心地驾车驶入赛场。经过一番激烈的角逐，他最终赢得了250英里比赛的冠军。

他，就是美国颇具传奇色彩的伟大赛车手——吉米·哈里波斯。

当吉米第一次以冠军的姿态面对热情而疯狂的观众时，他流下了激动的眼泪。一些记者纷纷将他围住，并向他提出一个相同的问题：“你在遭受那次沉重的打击之后，是什么力量使你重新振作起来的呢？”

此时，吉米手中拿着一张此次比赛的招贴图片，上面是一辆赛车迎着朝阳飞驰。他没有回答，只是微笑着用黑色的水笔在图片的背后写上一句凝重的话：把失败写在背面，我相信自己一定能成功！

在通往成功的道路上有无数的艰难险阻，有时要经历失败的打击。但我们不要因为一时的失败而灰心丧气，怨天尤人，而应该勇敢面对，努力拼搏，始终坚信“阳光总在风雨后”。

人都有失意的时候，然而，“失败是最好的礼物”。人只有在遭受失败时，才能让自己的头脑更加清醒，才能为自己找到更好的出路。

苦难是人生最好的老师

在女人的一生中随时会碰到困难和挫折，甚至还会遭遇致命的打击。在这种时候，心态的积极与消极会对以后的人生产生重大的影响。

法国作家罗曼·罗兰说：“累累创伤，就是生命给你的最好东西，因为在每个创伤上面都标志着前进的一步。”我们每个人的人生中都避免不了苦难的发生，苦难是人生这幅画卷中最耀眼的色彩。没有了苦难，人生的画卷就会黯然失色；没有了苦难，我们也就失去了与命运搏击的勇气。森林中的大树，不同暴风猛雨搏过千百回，树干不会长得如此结实；人不遭遇种种逆境，他的人格、本领，也得不到锤炼。一切的磨难、忧苦与悲伤，都足以助长我们、锻炼我们。

在人们的潜意识里，女人常常被视为生活中的弱者，或许女人没有男人那样健壮的身体、强悍的力量，但女人的意志却是和男人一样的。在这个瞬息万变的世界，谁也不能保证自己的生活一直平顺，总是有许多无法预料的事情会发生。当然每个女人都希望自己的生活会平静安稳，但是每个女人也都要有面对困难和危机时的勇气和信心。当你面对苦难时，如果对前途丧失信心，对人生产生绝望，对生活感觉疲惫，那么痛苦就会接踵而至。反之，当你遇到困难时，绝不放弃、绝不后退，勇敢地迎上前，那么当你比你遇到的困难更高更壮时，你就会发现任何困难都会随风而逝。

美国名作家罗威尔曾说：“人世中不幸的事如同一把刀，它可以为我们所用，也可以把我们割伤，那要看你握住的是刀刃还是刀柄。”困苦如春日的早晨，虽带霜寒，但已有暖意。天气的冷，足以杀掉土中的害虫。但仍能容许植物的生长！苦难可以将你击垮，也可以使你重新振作，这取决于你如何去看待和处理它。当你遇到困难时，如果握着“刀刃”，就会割到手。但是，如果握住“刀柄”，就可以用来切东西。要准确握住刀柄，可能不容易，但只要有信心和勇气还是可以做到的。

女人要勇敢地面对生活中的苦难，把它当做生活中最亮丽的风景线，不要抱怨苦难为什么总是与你相伴，要胸怀感激，要充满勇气去面对它，要知道没有经历风雪的果实不甜美，没有经历苦难的人生不完整。当你经历了苦难的考验后，你就无愧为生活的强者。

人生不如意之事十之八九，有时甚至要遭受苦难和不幸。对生命热爱的女人，会把苦难看作是一种磨砺，在与苦难抗争的同时，唱出那最动听的生命之歌。

努力拼搏，成功才会属于你

居里夫人曾经说过："在成功的道路上，成功者流的不是汗水而是鲜血；他们的名字不是用笔而是用生命写成。"试问，有哪个人的成功不是靠一番努力的拼搏才获得的呢？

如果没有女排队员的刻苦训练，顽强拼搏，又怎么会有五连冠的佳绩？伟大的人们正是用自己的实际行动争取到美好的东西。拼搏是万物之父，要成功，就得努力拼搏。

拼搏的可贵，就在于朝着一个明确的目标迎难而上，跌倒了爬起来，不达目的决不罢休。当然，拼搏还需要策略，需要智慧。这样，才能胜券在握。

我国著名的围棋大师聂卫平，在一次中日围棋擂台赛上，三番出场，九战九胜。在六个多小时的角逐中，他一口饭也没吃，因体力消耗过大，曾两次吸氧，靠着这顽强的拼搏，终于打败了日本棋圣藤泽秀行，为祖国争得了荣誉。当我们为"爱拼才会赢"这一句话而感慨万千的时候，不知道你有没有想过，人生的道路不会是一马平川，事业的征途常充满崎岖艰险，不一鼓作气地奋斗，不豁出性命去拼搏，就难以实现高远的目标。

特别是年轻的时候，青春的活力是旺盛的，青春的潜力是无限的。法国著名军事家拿破仑说："我们应当努力拼搏，有所作为，这样，我们可以说，我们没有虚度年华，并有可能在时间的沙滩上留下我们的足迹。不错，为了自己的目标去奋斗、去拼搏，不惜一切，我认为是一件光彩的事。一生碌碌无为，虚度年华，这样的人生还有什么意义呢？”敢闯敢拼是成功最基本的保障。虽说拼了不一定会赢，但至少会有机会。不拼，可能连一丝机会也没有。成功就是靠拼搏铺出来的一条路。无论是什么，工作也好，创业也好，学习也好，总而言之，一切的成功都源于拼搏。

20 世纪 30 年代，英国一个不出名的小镇里，有一个叫玛格丽特的小姑娘，自小就受到严格的家庭教育。父亲经常向她灌输这样的观点：无论做什么事情都要努力拼搏，力争一流，永远走在别人前头，而不能落后于人。父亲从来不允许她说“我不能”或者“太难了”之类的话。

对年幼的孩子来说，他的要求可能太高了，但他的教育在以后的年代里被证明是非常宝贵的。正是因为从小就受到父亲的“残酷”教育，才培养了玛格丽特积极向上的决心和信心。在以后的学习、生活或工作中，她时时牢记父亲的教导，总是抱着一往无前的精神和必胜的信念，尽自己最大努力克服一切困难，做好每一件事情。

玛格丽特上大学时，学校要求学五年的拉丁文课程。她凭着自己顽强的毅力和拼搏精神，硬是在一年内全部学完了。令人难以置信的是，她的考试成绩竟然还名列前茅。

其实，玛格丽特不光是学业上出类拔萃，她在体育、音乐、演讲及学校的其他活动方面也都一直走在前列，是学生中凤毛麟角的佼佼者之一。当年她所在学校的校长评价她说：“她无疑是我们建校以来最优秀的学生，她总是雄心勃勃，每件事情都做得很出色。”

正因为如此，40 多年以后，英国乃至整个欧洲政坛上才出现了一颗耀眼的明星，她就是连续四年当选保守党领袖，并于 1979 年成为英国第一位女首相，雄踞政坛长达 11 年之久，被世界政坛誉为“铁娘子”的玛格丽特·撒切尔夫人。

凡事都要努力拼搏，是一种积极的人生态度，它会激发你一往无前的勇气和积极向上的精神。在这个世界上，想成功的人不少，真正能够实现目标的却不多。许多人之所以不能成功，就是因为他们从来不努力拼搏，不采取具体行动。

拼搏，就是在困难面前不低头，在压力之下不逃脱，在坎坷路上往前走。拼搏不是一时心血来潮，不是空喊号子，拼搏是长期的，需要用坚韧的毅力来维持，需要让坚定的信心来导航。

成功的道路不是宽阔平坦的，它是在旷野中前进，有时穿过尘埃，有时横渡沼泽，有时行经丛林，如果不迎头搏击，是不能前进的！

即使一无所有，也要勇往直前

一个人无论做什么事情，都要勇往直前，遇到任何困难、障碍都不能后退。如果立志不坚，时时准备知难而退，就很难有成功的一日。

有这样一个故事：

一个父亲，从小就教育儿子面对任何挫折都要有勇气重新开始，而且，他还用实际行动给儿子上了一课。

一天，一家人正在吃晚饭，突然，闻到一股烧煳的味道。父亲打开门一看，原来邻居家起火，并且已经烧到自己家了。他慌忙喊出了妻儿，一家人奋力扑救，但房子和屋内所有的东西还是被大火吞噬了。望着被大火烧光的家，幼小的儿子问父亲："爸爸，我们的家没有了，我们该怎么办呢？"可父亲却说："不，孩子，你说错了，我们的家不是没有了，只是要变得更好了，我们终于可以建造一个新家了。""可我们什么都没有了呀！"儿子说。父亲摸着儿子的头说："是的，我们什么都没有了，也没有了拆不拆旧房子的顾虑和建不建新房子的犹豫，一无所有使我们少了许多烦恼。你说对吗？我的孩子。"儿子听后笑着点了点头。

不久，在一家人的努力下，他们的房子盖好了，新房子更加宽敞、舒适、漂亮。

假如当初没有这把火，他们可能还住在旧房子里，但现在因为房子已被烧掉，所以他们必须想办法建好新房子。

当生活的残酷使你一无所有时，你也就再没有了选择的犹豫，没有了再固守现状的可能，你唯一需要做的就是勇往直前，把你能做的做好，做到底。

爱默生说：“伟大高贵人物最明显的标志，就是他坚定的意志，不管环境变化到何种地步，他的初衷与希望，仍然不会有丝毫的改变，而终将克服障碍，以达到所企望的目的。”

“跌倒了再站起来，在失败中求胜利。”无数伟人都是这样成功的。

有人问一个孩子，他是如何学会溜冰的？那孩子说：“哦，跌倒了爬起来，爬起来再跌倒，这样便会了。”使人成功，使军队胜利的，就是这种精神。跌倒不意味着失败，跌倒了站不起来，才是真正的失败。

世界上有无数人，尽管失去了拥有的全部资产，然而他们并不是失败者，他们依旧有着不可屈服的意志，有着坚忍不拔的精神，凭借这种精神，他们依旧能成功。

格兰特卸任总统后，因经商受骗，损失了大笔财产，负了很多债。他决定卖文维生。开始时，他只是撰述他在南北战争时的经验，后来他喉部患了癌症，医生说他只有几个月的寿命，为了还债养家，他决定写回忆录。他以10个月的时间，写了29.5万字，这种工作量，即使是精力充沛的年轻人，也不一定办得到，而此时格兰特已是奄奄一息，经常在工作中晕厥过去。最后那段时间，他怕自己窒息而死，甚至不敢到床上去睡觉，昼夜都坐在椅子上，当精神好一点时，他就在灯下奋笔疾书。

这部回忆录，在他去世的前几天才完成，所得的版税，不但还清了债务，而且也为他的家人留下了足够的生活费。

格兰特的事迹似乎有些悲凄的色彩，但却让人看到了人的韧性是多么强大，潜在的意志力是多么惊人。这种韧性和意志力必能让人在陷入绝境时，发挥惊人的创造力。

真正的伟人，面对种种成败，从不介意，所谓“不以物喜，不以己悲”。无论遇到多么大的失望，绝不失去镇静，只有他们才能获得最后的胜利。正如温特·菲力所说：“失败，是走上更高地位的开始。”

许多人之所以获得最后的胜利，只是受恩于他们的屡败屡战。一个没有遇见过大失败的人，根本不知道什么是大胜利。事实上，只有失败才能给勇敢者以果断和决心。

在狂风暴雨的袭击中，心灵脆弱者只有坐以待毙，但意志坚强的人却仍旧充满自信。因此他们能够克服外在的一切境遇，去获取成功。

坚持下来，才会有美好的结局

人生就好像是一场赛跑，不管中间谁跑得快或慢，成功或失败，没有到达终点就不知道谁能成功。成功者和失败者最大的不同是，成功者知道如何“熬”过挫败和失望的岁月，而失败者反之。因此，请女性朋友记住，还没跑到终点时，千万别停下来。

一位著名的推销大师，即将告别他的推销生涯，应行业协会和社会各界的邀请，他将在该城中最大的体育馆，做告别职业生涯的演说。

那天，会场座无虚席，人们在热切地、焦急地等待着那位当代最伟大的推销员做精彩的演讲。当大幕徐徐拉开，舞台的正中央吊着一个巨大的铁球。为了这个铁球，台上搭起了高大的铁架。

一位老者在人们热烈的掌声中走了出来，站在铁架的一边。他穿着一件红色的运动服，脚下是一双白色胶鞋。

人们惊奇地望着他，不知道他要做出什么举动。这时两位工作人员，抬着一个大铁锤，放在老者的面前。主持人这时对观众讲：请两位身体强壮的人，到台上来。好多年轻人站起来，转眼间已有两名动作快的跑到了台上。

老人告诉他们游戏规则，请他们用这个大铁锤，去敲打那个吊着的铁球，直到把它荡起来。

一个年轻人抢着拿起铁锤，拉开架势，抡起大锤，全力向那吊着的铁球砸去，一声震耳的响声，吊球动也没动。他接着用大铁锤接二连三地砸向吊球，很快他就气喘吁吁。

另一个人也不示弱，接过大铁锤把吊球打得叮当响，可是铁球仍旧一动不动。

台下逐渐没了呐喊声，观众好像认定那是没用的，就等着老人做出解释。

会场恢复了平静，老人从上衣口袋里掏出一个小铁锤，然后认真地面对着那个巨大的铁球敲打起来。他用小锤对着铁球“咚”敲一下，然后停顿一下，再一次用小锤“咚”地敲一下。

人们奇怪地看着，老人就那样“咚”敲一下，然后停顿一下，就这样持续地做。

10分钟过去了，20分钟过去了，会场早已开始骚动，有的人干脆叫骂起来，人们用各种声音和动作发泄着他们的不满。老人仍然敲一小锤停一下地工作着，他好像根本没有听见人们在喊叫什么。人们开始愤然离去，会场上出现了大片大片的空缺。留下来的人们好像也喊累了，会场渐渐地安静下来。

大概在老人敲打了40分钟的时候，坐在前面的一个妇女突然尖叫一声：“球动了！”刹那间会场鸦雀无声，人们聚精会神地看着那个铁球。那球以很小的幅度动了起来，不仔细看很难察觉。老人仍旧一小锤一小锤地敲着，吊球在老人一锤一锤的敲打中越荡越高，它拉动着那个铁架子“哐哐”作响，它的巨大威力强烈地震撼着在场的每一个人。终于场上爆发出一阵阵热烈的掌声，在掌声中老人转过身来，慢慢地把那把小锤揣进兜里。老人开口讲话了，他只说了一句话：“在成功的道路上，你如果没有耐心去等待成功的到来，那么，你只好用一生的耐心去面对失败。”

这个故事说明了：只有持之以恒地坚持下去，成功迟早会光顾你。

但是，有些女人这样说道：“为了成功，我曾试了不下上千次，可就是不见成效。”你相信这句话是真的吗？别说她们没试过上百次，甚至于有没有十次都颇令人怀疑。或许有些人曾试过八次、九次，乃至于十次，但因为不见成效，结果就放弃了再试的念头。

不成熟的人最常犯的过错，便是遇事抽身而退，不敢面对现实。许多小孩在游戏的时候，常因自己没有胜算便拒绝玩下去，成熟的成年人便不会如此，他们会一试再试，直到成功为止。

所有成功的女人都有着执著的精神！女人必须培养应付挫折的能力，培养坚持不懈的恒心和毅力，只有这样，才能把每一次的挫折都看成一个警示，继续朝着理想迈进！

永怀希望，让你的人生之路充满阳光

人生的道路，失败和挫折数不胜数。既然失败和挫折总是难免的，你又何必为此白白伤神。再说并非每一次失败都会给你打击，即使有打击的话，你也可以从中获益，不如用笑容去迎接失败，去拥抱失败。

生活中的许多事情是我们难以预料的。我们不能控制际遇，却可以掌握自己；我们无法预知未来，却可以把握现在；我们不知道自己的生命到底有多长，但我们却可以安排当下的生活；我们左右不了变化无常的天气，却可以调整自己的心情。只要活着，就有希望，只要每天给自己一个希望，我们的人生就一定不会逊色。

1967年夏天，美国跳水运动员乔妮·埃里克森在一次跳水事故中，身负重伤，除脖子之外，全身瘫痪。

乔妮哭了，她躺在病床上辗转反侧。她怎么也摆脱不了那场噩梦，为什么跳板会滑？为什么她会恰好在那时跳下？不论家里人怎样劝慰她，亲戚朋友们如何安慰她，她总认为命运对她实在不公。出院后，她叫家人把她推到跳水池旁。她注视着那蓝盈盈的水波，仰望那高高的跳台。她再也不能站立在那洁白的跳板上了，那蓝盈盈的水波再也不会溅起朵朵美丽的水花拥抱她了。她又掩面哭了起来。

在被迫结束了自己的跳水生涯，永远离开了那条通向跳水冠军领奖台的路后，她曾绝望过，面对死神，她拒绝了死神的召唤，开始冷静思索人生意义和生命的价值。她借来许多介绍前人如何成才的书籍，一本一本认真地读了起来。虽然双目健全，但读书仍是很艰难的，只能靠嘴衔根小竹片去翻书，劳累、伤痛常常迫使她停下来。休息片刻后，她又坚持读下去。通过大量的阅读，她终于领悟到：我是残了，但许多人残了后，却在另外一条道路上获得了成功，他们有的成了作家，有的创造了盲文，有的创造出美妙的音乐，我为什么不能？于是，她想到了自己中学时代曾喜欢画画。我为什么不能在画画上有所成就呢？这位纤弱的姑娘变得坚强起来了，变得自信起来了。她捡起了中学时代曾经用过的画笔，用嘴衔着，练习开了。

这是一个多么艰辛的过程啊！用嘴画画，她的家人连听也未曾听说过。

他们怕她不成功而伤心，纷纷劝阻她："乔妮，别那么死心眼了，哪有用嘴画画的，我们会养活你的。"可是，他们的话反而激起了她学画的决心，"我怎么能让家人一辈子养活我呢？"她更加刻苦了，常常累得头晕目眩，汗水把双眼弄得咸咸地辣痛，甚至有时委屈的泪水把画纸也淋湿了。为了积累素材，她还常常乘车外出，拜访艺术大师。好些年头过去了，她的辛勤劳动没有白费，她的一幅风景油画在一次画展上展出后，得到了美术界的好评。

不知为什么，乔妮又想到要学文学。她的家人及朋友们又劝她了，"乔妮，你绘画已经很不错了，还学什么文学，那会更苦了你自己的。"她没有说话，想起一家刊物曾向她约稿，要谈谈自己学绘画的经过和感受，她用了很大力气，可稿子还是没有完成，这件事对她刺激太大了，她深感自己写作水平差，必须一步一个脚印地去学习。

这是一条满是荆棘的路，可是她仿佛看到艺术的桂冠在前面熠熠闪光，等待她去摘取。

是的，这是一个很美的梦，乔妮要圆这个梦。终于，又经过许多艰辛的岁月，这个美丽的梦终于成了现实。1976年，她的自传《乔妮》出版了，轰动了文坛，她收到了数以万计的热情洋溢的信。又两年过去了，她的《再前进一步》一书又问世了，该书以作者的亲身经历，告诉残疾人，应该怎样战胜病痛，立志成才。后来，这本书被搬上了银幕，影片的主角就是由她自己扮演，她成了青年们的偶像，成了千千万万个青年自强不息，奋进不止的榜样。

成大事者没有一帆风顺的，总会经历失败和挫折。能笑对人生，不畏失败的女人必将有所建树，因为她们有别人所没有的精神——不畏失败，因此，成功的机会就比别人多上几倍、百倍、千倍。